HISTORIQUE

DE

L'ENSEIGNEMENT AGRICOLE

DANS LA MEUSE

PAR

A. PRUDHOMME

PROFESSEUR DÉPARTEMENTAL D'AGRICULTURE
PRÉSIDENT DE LA SOCIÉTÉ D'AGRICULTURE DE L'ARRONDISSEMENT
DE COMMERCY

Extrait du *Cultivateur de la Meuse*
années 1896-1897

BAR-LE-DUC

IMPRIMERIE CONTANT-LAGUERRE

1897

HISTORIQUE

DE

L'ENSEIGNEMENT AGRICOLE

DANS LA MEUSE

IMPRIMERIE
CONTANT-LAGUERRE
BAR-LE-DUC

HISTORIQUE
DE
L'ENSEIGNEMENT AGRICOLE
DANS LA MEUSE

PAR

A. PRUDHOMME

PROFESSEUR DÉPARTEMENTAL D'AGRICULTURE
PRÉSIDENT DE LA SOCIÉTÉ D'AGRICULTURE DE L'ARRONDISSEMENT
DE COMMERCY

BAR-LE-DUC

IMPRIMERIE CONTANT-LAGUERRE

1897

HISTORIQUE

DE

L'ENSEIGNEMENT AGRICOLE

DANS LA MEUSE

La présente publication a pour objet de montrer : 1° comment l'enseignement agricole a été donné dans le département de la Meuse; 2° les différentes phases de cet enseignement; 3° les nombreuses propositions émises en vue d'inculquer à nos cultivateurs et à leurs enfants des notions d'agriculture; 4° les résultats obtenus par l'application des procédés expérimentés.

Nous ne doutons nullement de l'imperfection que présente ce modeste travail; malgré d'actives recherches nous n'avons pu découvrir que quelques rares écrits rédigés, sur cet important sujet, par nos compatriotes.

Notre but n'est pas de critiquer ce qu'ont fait nos devanciers; nous nous proposons au contraire de mettre en relief leurs travaux en retraçant, aussi fidèlement que possible, les phases par lesquelles a passé, pendant ce siècle, l'enseignement agricole dans notre département et de comparer les moyens dont ils disposaient avec ceux que nous possédons aujourd'hui.

A cet effet, nous divisons notre sujet en trois chapitres principaux :

1° Enseignement par les yeux.
2° Enseignement en commun.
3° Enseignement spécial ou technique.

CHAPITRE I

Enseignement par les yeux.

Il est certain que le procédé le plus simple, le plus sûr en même temps que le plus pratique, d'enseigner une science comme l'Histoire naturelle, la Géométrie, la Physique, à un auditoire peu ou pas préparé pour saisir les notions que l'on se propose de lui inculquer, ou les descriptions que l'on désire qu'il retienne, c'est de procéder par comparaison en plaçant devant lui des animaux, des figures, des appareils, des dessins différents par leur espèce, leur aptitude, leur forme, leur construction, leur disposition, etc.

De même, pour apprendre à des cultivateurs ayant peu de connaissances agronomiques, et c'était le cas autrefois, à distinguer un animal bien conformé et possédant au plus haut degré une des aptitudes spéciales aux animaux de son espèce, d'un autre ayant des caractères tout différents, quoique entretenus tous deux pour la même fonction économique, il fallait leur permettre de saisir, de juger de visu des qualités du premier et des défectuosités du second.

Ce fut là assurément un des plus heureux résultats obtenus par les exhibitions et les concours, et un des meilleurs moyens d'enseignements.

Au début, dit M. Jules Colson, alors que les concours régionaux fondés par l'État n'existaient pas, ces exhibitions étaient suivies et elles étaient une école où chacun venait chercher un enseignement.

Expositions et Concours. — L'organisation des expositions et des concours, dans la Meuse, paraît ancienne; d'abord limités aux animaux de l'espèce chevaline, ces concours furent, dans la suite, partagés en deux catégories : 1° Espèce chevaline ; 2° Espèce bovine; puis on réunit à la fois, sur un ou plusieurs points du département, tous les animaux domestiques ; enfin à ces exhibitions de bétail on annexa les instruments, les produits des champs et de la ferme, voire même ceux de l'industrie. Mentionnons aussi les concours de spécialités qui eurent lieu à différentes époques.

Nous n'avons nullement la prétention de passer en revue tous les concours organisés par le gouvernement, le département ou les associations agricoles, nous nous contentons d'indiquer ceux ayant eu un caractère à la fois instructif et attrayant.

D'après le procès-verbal de l'Assemblée départementale, tenue en 1791, il semble que des primes étaient annuellement accordées aux propriétaires d'animaux de l'espèce chevaline offrant la meilleure conformation et répondant le plus directement au but que l'on poursuivait à cette époque qui était l'amélioration du bétail par le régime et la sélection.

Nous voyons, en effet, à l'art. 11 des dépenses de cet exercice, qu'une somme de 3.840 livres sera donnée en gratification aux plus belles espèces de chevaux.

C'est seulement à partir de 1821 que l'administration départementale organisa de véritables concours et que des primes en argent furent décernées aux lauréats.

La première exhibition de ce genre eut lieu à Troyon, point central du département, le 2 septembre 1821. Les 1.500 francs votés par le Conseil général ont été attribués aux poulinières et aux poulains les mieux conformés et âgés seulement de 3 ans. L'année suivante des primes d'encouragement, pour l'amélioration des races de chevaux, furent distribuées le 22 septembre à Troyon et le 23, même mois, à Sivry-sur-Meuse.

Les premiers essais tentés pour le perfectionnement des animaux de l'espèce bovine eurent lieu en 1823. A cet effet, l'autorité préfectorale arrêta qu'un concours se tiendrait chaque année aux chefs-lieux d'arrondissements dans le but de récompenser les possesseurs des plus beaux types de taureaux, vaches et génisses.

Tandis qu'en 1825 le montant des sommes allouées aux animaux de l'espèce bovine ne s'élevait, pour chaque arrondissement, qu'à 225 francs, en 1827 il était porté à 400 francs.

Dans les premiers temps de leur création les sociétés d'agriculture encouragèrent l'amélioration du cheval par des primes accordées aux meilleurs reproducteurs du pays, puis, à défaut d'un nombre suffisant d'étalons de choix elles en firent acheter dans le Perche et le Boulonnais, tout en continuant à récompenser les bonnes juments poulinières. Ce système d'amélioration de la race locale, encouragé par l'administration des Haras de ce temps, dura jusqu'en 1865 ; à partir de cette date et jusqu'en 1879 une interruption se produisit ; de 1879 jusqu'à ce jour des prix sont donnés, comme par le passé, aux juments poulinières et aux pouliches de 3 ans.

En 1893, une somme de 10.000 francs, allouée par le ministère de l'Agriculture et le département, fut distribuée entre les lauréats des concours ouverts le 8 juillet à Void, le 10 à Bar-le-Duc, le 11 à Verdun, le 12 à Stenay et le 13 à Saint-Mihiel.

Le Conseil général ayant voté à la société des arrondissements de Bar et de Commercy, pour 1833, un crédit de 2.000 francs, à titre d'encouragement à l'élevage des chevaux et des bêtes bovines, l'emploi en fut réglé ainsi qu'il suit : 1.500 francs furent affectés à l'amélioration de l'espèce chevaline ; les 500 francs restant, réunis à une somme de 100 francs que ladite société prit sur son budget particulier, servirent à récompenser les animaux bovins les mieux conformés.

A partir de 1833, et pendant quelques années seulement, au lieu de primer les animaux amenés des différents points de leur circonscription, les sociétés décernèrent des prix aux plus beaux types de chaque canton; mais, à plusieurs reprises, quelques cantons n'ayant pas répondu à l'appel qui leur était adressé et les primes restant sans emploi, on en revint aux concours d'arrondissement.

Le 6 mai 1838 eut lieu à Commercy, pour la première fois dans le département, depuis la constitution des quatre sociétés d'agriculture, un concours de charrues; 17 de ces instruments entrèrent en lice.

Cette lutte de concurrents, d'un nouveau genre, servit : à démontrer que le principal instrument destiné à remuer le sol était susceptible de modifications; à comparer entre elles les charrues présentées, soit au point de vue de leur forme, soit à celui de l'agencement de leurs pièces; enfin à juger de la commodité de leur maniement et aussi du degré de perception de leur travail. Ces instruments, de modèles différents, durent en effet cultiver une surface de terrain préalablement déterminée par le jury de classement.

Par sa délibération du 25 mars 1840 le Comice de Gondrecourt avait résolu de décerner des primes et des médailles en argent et en bronze aux cultivateurs du canton qui avaient le plus contribués à l'amélioration de l'agriculture et de l'industrie agricole.

Dans sa séance du 7 mars 1841 ledit comice attribue à Claude Guyot une médaille d'argent pour le récompenser de sa vie honnête; le félicite de sa conduite exemplaire et des principes de religion et de probité d'après lesquels il s'est conduit. Une mention honorable et une somme de 10 francs sont accordés à Auguste Raguet, seul domestique du canton, inscrit à la caisse d'épargne et porteur d'un livret.

Considérant en outre que Thibert, propriétaire exploitant à Gondrecourt, a, par ses travaux, son exemple et ses bons résultats en agriculture, puissamment contribué à propager la culture des prairies artificielles et des plantes fourragères ; que ses cultures sont, par leur étendue et leur beauté les plus remarquables du canton. Le jury et le bureau ont conclu qu'une médaille d'argent soit décernée à M. Thibert, comme témoignage de la reconnaissance de ses concitoyens, pour ses travaux agricoles et son zèle à répandre les saines doctrines d'économie rurale.

Le même comice accorde enfin : 1° une médaille de bronze à Claude, maire de Vouthon-Haut, pour l'impulsion donnée par lui aux cultivateurs de sa commune, en faveur des prairies artificielles ; 2° une médaille d'argent à M. le Comte de Messey pour ses belles plantations de peupliers, d'arbres verts, de saules et de bouleaux ; 3° une prime de 20 francs à M. Giraudot, propriétaire à Demange-aux-Eaux, pour une plantation de peupliers ; et 4° une médaille d'argent à M. Humblot-Guyot pour avoir prêté, lors du concours, une paire de bœufs très remarquables.

Dans sa séance du 24 octobre 1841, la Société d'agriculture de Montmédy vote une somme de 100 francs pour être répartie, en 1842, entre les cultivateurs qui se seront servis de la houe à cheval et du buttoir pour la culture d'un hectare, au moins, de betteraves ou de pommes de terre.

100 francs, lisons-nous, seront aussi attribués aux trois cultivateurs qui auront acquis l'un de ces instruments, à charge de les conserver trois ans dans leur commune ; enfin, il est alloué une subvention de 125 francs, à la ville de Stenay, pour l'établissement d'un concours de charrues et d'instruments aratoires.

Dans un rapport sur les travaux de la Société de Bar-le-Duc de 1840 à 1844, M. Vaaché s'exprime ainsi, à propos des concours de charrues : « Rien ne conviendrait mieux, en effet, que ces expériences sur le terrain et ces comparaisons raisonnées d'instruments aratoires dont tout le monde peut faire usage et dont tout le monde peut se rendre compte ; rien ne conviendrait mieux, dis-je, pour stimuler le zèle des cultivateurs et contribuer à leur instruction si en cela, comme en beaucoup d'autres choses, excellentes du reste, il ne fallait lutter contre la tiédeur et la routine habituelles ».

Le 13 novembre 1844 la Société d'agriculture de Verdun allouait 3 primes d'encouragement et 7 mentions honorables à des cultivateurs du canton de Varennes qui exploitaient la plus grande étendue de terrain en prairies artificielles : 53 concurrents étaient inscrits. A la même date il est décidé, en assemblé générale, qu'un semblable concours aura lieu en 1845 et compredra tous les cantons de la circonscription. Ce moyen de propagation des plantes fourragères fut continué jusqu'en 1852.

La Société de Commercy, visant le perfectionnement de la race de porc du pays, acheta et revendit, en 1843, quelques sujets hampshires. Des produits de cette race furent exhibés aux concours ouverts, par cette société, en 1845 et 1846.

Voici d'après M. Neucourt de quelle manière la Société d'agriculture de Verdun procédait à l'organisation de ses concours de bestiaux.

« Une commission de la société s'installait à l'entrée du champ-de-mars et successivement les propriétaires exposants faisaient défiler leurs animaux devant elle. La commission examinait, se recueillait et décidait. A la fin le président de la commission prononçait la décision, remettait les sommes en argent aux heureux gagnants, puis un autre membre distribuait ou attachait les flots de ruban aux bêtes. C'était, dit M. Neucourt, tout à fait patriarcal ou démocratique, suivant l'expression du jour. »

L'organisation des concours et le mode de répartition des primes ci-dessus décrits se poursuivirent de 1833 à 1859 inclusivement.

A partir de 1860 et pour se conformer aux prescriptions du Conseil général, les sociétés donnèrent plus d'éclat à cette institution ; la remise des récompenses se fit avec plus de solennité ; enfin les primes décernées gagnèrent au point de vue du nombre et de leur importance. C'est seulement alors que figurèrent indépendemment des grandes espèces animales, les animaux de basse-cour, les produits des champs et de la ferme.

De nos jours, le dispositif de ces fêtes agricoles est ainsi réglé.

Avant l'ouverture du concours : souhaits de bienvenue et réception des invités; visite et classement des animaux et des produits exposés à la suite desquels s'effectue, aux sons mélodieux d'une fanfare, la distribution des récompenses laquelle est précédée et même suivie de discours ; enfin la journée se termine par un banquet, une retraite aux flambeaux, un feu d'artifice et un bal public offerts par la municipalité de l'endroit, où se tient l'exposition, en l'honneur des invités.

Chaque année se renouvellent sur différents points de notre département ces réjouissances agricoles.

Quoiqu'il en soit, on peut affirmer que ces concours, jadis si brillants, n'offrent plus à l'heure actuelle qu'un bien faible reflet de ce qu'ils étaient de 1860 à 1870 ; ils ont perdu à la fois de leur importance et de leur entrain et le seul mérite qu'ils présentent, pour quelques-uns du moins, c'est d'être suivis, question de goût, par un banquet auquel prennent part les invités.

A dater de 1860 et jusqu'à ce jour les sociétés du département ont cherché à encourager les bons serviteurs ruraux des deux sexes, en décernant à ceux qui ont servi pendant plusieurs années le même patron, soit des médailles, soit des primes en argent.

Dans sa séance du 27 août 1863, le Conseil général décidait que des médailles d'honneur seraient allouées aux communes dans lesquelles l'esprit d'association, secondé par l'administration locale, aurait réalisé les améliorations agricoles les plus importantes. Conformément à cette délibération quatre communes, une par arrondissement, sont appelées à recevoir des récompenses.

Sur le rapport de M. Holtz, fait au nom d'une commission spéciale, la première médaille est attribuée à la commune de Saulx-en-Woëvre (arrondissement de Verdun) ; la seconde à celle de Saint-Aubin (arrondissement de Commercy); la troisième à celle de Mandres (arrondissement de Bar-le-Duc); la quatrième à celle de Mouzay (arrondissement de Montmédy).

Dans ce rapport sont aussi mentionnées, pour leurs grands travaux d'amélioration, les communes de : Laimont, Sommedieue, Billy-les-Mangiennes.

A partir de 1865, de nouveaux prix furent ajoutés : c'est alors que l'on prima les produits de la sylviculture, de l'horticulture, de l'arboriculture ; les propriétaires qui accordaient des soins intelligents à leurs animaux domestiques et qui excellaient dans la bonne tenue de leurs étable, écurie, bergerie, etc., reçurent aussi des récompenses.

La Société de Verdun visant la perte qu'occasionne aux cultivateurs le mauvais aménagement du fumier, primait dès 1866 ceux qui avaient construit des fosses à purin.

Après la guerre de 1870, la main-d'œuvre devenant chaque année, de plus en plus rare et par conséquent de plus en plus chère, la Société d'agriculture de Commercy, la première dans la région, appela l'attention du public agricole sur les services que les machines à grand travail pouvaient rendre à la culture, non seulement dans les travaux de préparation du sol, mais aussi dans ceux que nécessitent la récolte du foin et celle des céréales. Dans ce but, elle organisa de grands concours de machines et d'instruments aratoires.

Le premier de ces concours se tint à Commercy les 13 et 14 juin 1874 ; il eut pour résultat de soumettre à l'appréciation des membres du jury et à la critique du public onze faucheuses de quatre systèmes différents : Wood, Kirby, Sprague et Johnston.

Le 13 juin, les entrepositaires et les constructeurs de machines furent seuls admis à entrer en lice; un tirage au sort désigna la portion de pré que chaque faucheuse avait à couper ; le lendemain, onze cultivateurs de l'arrondissement se disputaient les différents prix que la société offrait aux plus habiles d'entre eux dans la conduite de ces machines.

A la date du 5 juillet 1874, la même société organisait sur la ferme de Marsouppe, près Saint-Mihiel, une série d'essais de moissonneuses et de faucheuses-moissonneuses : 26 machines à grand et à petit travail se rendirent sur le terrain du concours ; voici quel a été le classement : 1er prix, Wood ; 2e prix, Kirby ; 3e prix Johnston ; 4e prix, Samuelson, ancien modèle.

Des concours de Commercy et de Saint-Mihiel, dit M. Jules Colson, rapporteur des commissions, les cultivateurs ont retiré la conviction qu'il leur était possible maintenant de trouver des aides, dans l'emploi des machines.

Notre société, poursuit-il, aura dans la limite de ses ressources, contribué à les vulgariser. C'est un service modeste qu'elle rend au pays, mais ce service acquiert de l'importance si l'on se rapporte aux intérêts multiples auxquels il s'adresse.

Dans le but de faire apprécier, par les cultivateurs, les avantages du bisoc et du semoir, des expériences eurent lieu à Saint-Aubin le 20 avril 1875. Quatre constructeurs et un cultivateur amenèrent sur le terrain 6 bisocs ; aucune présentation de semoir ne fut malheureusement faite.

Dans le compte-rendu du concours tenu à Saint-Mihiel le 12 septembre 1875 et organisé par la Société de Commercy nous remarquons qu'une médaille d'argent a été offerte à M. Heymonet, apiculteur, à Saint-Mihiel, pour ses ruchettes et son mello-extracteur nouveaux ; une mention honorable fut aussi accordée à M. Millot, mécanicien, à Saint-Mihiel, pour son mello-extracteur qu'il construisait de plusieurs dimensions.

Le 28 septembre 1875, la Société de Bar-le-Duc tenait sur la ferme de Popey un concours de semoirs. Huit machines fonctionnèrent, elles appartenaient aux modèles suivants : Garrett, Leclerc, Jacquet-Robillard, Mexmoron de Dombasle et Bodin, de Rennes.

Les clos pour l'élevage des jeunes animaux et l'engraissement des adultes furent encouragés en 1874 et en 1875 par la Société de Verdun.

Les quatre sociétés du département, à la suite des exhibitions et des concours d'instruments tenus avant 1875 et après cette date, décidèrent que des remises variant de 10 à 50 p. 0/0, sur le prix d'acquisition, seraient consenties en faveur de tout cultivateur qui achèterait un ou plusieurs des instruments suivants : faucheuse, moissonneuse, râteau à cheval, semoir, scarificateur, bisoc, houe multiple, etc...

En vue de propager les engrais chimiques et de rendre palpables les effets qu'ils produisent sur le développement des plantes, la Société de Bar-le-Duc, dans sa réunion du 11 juin 1876, décide que 8 quintaux de nitrate de soude seront distribués gratuitement à huit cultivateurs, à charge par eux d'établir un rapport sur la valeur fertilisante de cet engrais ; les autres sociétés du département suivirent l'impulsion donnée par la Société de Bar-le-Duc et l'étendirent à d'autres agents de fertilisation.

En 1875, 1876 et 1877 la même Société encourage, par des primes en argent, les entreprises de moissonnage à la tâche, à l'aide de moissonneuses.

En 1875, trois concurrents avaient moissonné pour le compte d'autrui....... 43 h.
En 1876, sept concurrents avaient moissonné pour le compte d'autrui....... 194 h.
En 1877, neuf concurrents avaient moissonné pour le compte d'autrui....... 243 h. 50 a.

Mentionnons aussi les concours de fruits, de légumes, de fleurs, d'arbres fruitiers, de vignes, ouverts depuis 1889 par la Société d'horticulture de la Meuse et la brillante exposition apicole organisée, en 1895, par la Société départementale d'apiculture.

L'énumération ci-dessus n'est pas, nous le répétons, une révision de tous les concours qui se sont tenus dans notre département, puisque nous ne nous sommes attaché qu'à indiquer ceux présentant un caractère essentiellement instructif. Nous avons voulu, en décrivant sommairement l'objet de leur organisation, montrer comment les Sociétés d'agriculture, toujours à la recherche de la véritable voie du progrès, ont été amenées à répandre et à faire pénétrer certaines connaissances agricoles théoriques et pratiques dans toutes les couches composant la population rurale de la Meuse.

Il est certain qu'en instituant ces exhibitions et ces concours les associations agricoles de notre département conservaient bien quelque espoir d'instruire les cultivateurs; mais nous le reconnaissons et le proclamons, les résultats obtenus par cet enseignement par les yeux ont été très importants et ont largement contribué à inculquer à nos concitoyens, et cela sans qu'ils s'en doutent, des notions exactes de la science agricole.

Concours de la Prime d'honneur et Expositions régionales. — Si les petits concours organisés par l'État, le Département, les Sociétés et Comices agricoles, en différents points de la Meuse, ont eu d'heureux effets sur l'instruction des cultivateurs, on peut affirmer que les concours de la prime d'honneur, des prix culturaux et des médailles de spécialités ont aussi aidé au développement de l'enseignement agricole. En effet, les agriculteurs qui s'apprêtaient à entrer en lutte s'ingéniaient longtemps à l'avance, pour trouver les moyens les plus rapides et les plus efficaces devant leur assurer la suprématie sur leurs collègues.

Cette noble émulation a certainement eu pour conséquence d'indiquer et de divulguer aux habitants de nos campagnes les procédés à l'aide desquels on peut faire de l'agriculture progressive et rémunératrice.

De plus les exploitations primées, les travaux d'amé-

P.

lioration récompensés ont servi de modèle, de guide, ce qui, nous n'en doutons pas, a contribué d'une façon toute particulière à la propagation des méthodes nouvelles et ouvert rapidement la voie du progrès agricole dans notre département.

De leur côté, les concours régionaux, véritable enseignement par les faits, ont démontré d'une manière péremptoire le chemin parcouru d'une période à l'autre. Chacun a pu profiter des essais et des expériences de tous et juger les méthodes, les systèmes pouvant servir d'exemple pour le temps présent ou pour celui à venir.

A titre d'indication, nous allons retracer brièvement les différents concours de la prime d'honneur et les expositions régionales dont la ville de Bar-le-Duc a été le siège.

1857.

C'est en 1857 que, pour la première fois, les cultivateurs de la Meuse sont appelés à concourir pour la prime d'honneur.

Treize concurrents s'étaient fait inscrire : M. Jacques, fermier du domaine de l'Épina, (canton d'Étain) appartenant à M. Peltre, de Metz, fut classé premier et jugé digne de recevoir cette haute récompense.

Voici les conclusions de M. Lequin, directeur de la ferme-école des Vosges, rapporteur de la commission, sur l'exploitation dirigée par M. Jacques.

« En résumé, la parfaite direction imprimée à l'exploitation de la ferme de l'Épina, le bail progressif, les grandes améliorations réalisées en aussi peu de temps et avec autant d'intelligence, l'exemple donné au pays par l'application en grand du drainage en commun entre le propriétaire et le fermier, l'irrigation, le chaulage, la fondation d'une usine dont profite la contrée, l'introduction sur une grande échelle des plantes améliorantes associées à des cultures riches et parfaitement entendues, sont des titres incontestables qui recommandent cette exploitation à l'attention du public agricole, auquel elle peut servir de modèle. »

Sont aussi signalés, dans le compte-rendu, pour l'importance des excellents travaux entrepris sur leurs fermes : MM. Brice, de la ferme du Haut-Bois, près d'Étain, Radouan, de Remennecourt, Garola et Lallement, exploitant en commun la ferme de Saint-Antoine, commune de Bure et Millon dont les grandes qualités sont unanimement appréciées des membres du jury.

Le concours régional qui eut lieu à Bar-le-Duc du 4 au 7 mai 1857 réunissait les concurrents de onze départements : Meuse, Haute-Marne, Côte-d'Or, Moselle, Meurthe, Vosges, Haute-Saône, Bas-Rhin, Haut-Rhin, Doubs et Jura, il comptait :

69 taureaux ;
116 vaches ;
93 béliers ;
115 brebis ;
13 verrats ;
22 truies pleines ou suitées.

Parmi les volailles, la poule cochinchinoise, le canard de Normandie et l'oie de Toulouse furent particulièrement remarqués.

Les produits agricoles étaient peu nombreux (125 numéros).

Quant aux instruments, leur nombre s'élevait à 71, ils comprenaient surtout des pressoirs, un semoir-sarcloir, des machines à battre, à fabriquer les tuyaux de drainage, des charrues, tarares, une locomobile à vapeur, etc., etc.

Le concours de Bar-le-Duc, dit M. Élisée Lefèvre, présentait au public un véritable intérêt et fournira un enseignement très profitable pour les petits cultivateurs qui auront remarqué, sans aucun doute, la supériorité des races perfectionnées et précoces sur les animaux des races sans nom que l'on rencontre trop souvent dans nos villages.

Le Conseil général avait aussi voulu participer à la grandeur de cette solennité en votant une somme assez considérable pour la fondation de prix départementaux.

La distribution de ces prix a suivi celle du concours régional.

Les animaux présentés comprenaient :

    Espèce chevaline........ 65 têtes.
      —   bovine.......... 39 —
      —   ovine........... 51 —
      —   porcine......... 10 —
              Total...... 165 têtes

appartenant aux exposants des départements de la Meuse, de la Meurthe et de la Haute-Marne.

1864.

La prime d'honneur fut attribuée, en 1864, à M. le baron de Benoist, propriétaire à Waly, dont l'exploitation, comparée aux autres domaines du département, a été reconnue la mieux dirigée.

Dans le but de récompenser les mérites spéciaux de divers concurrents, le jury décerna :

Des médaillles d'or grand module à :

M. Huguet, à Popey, canton de Bar, pour ses bâtiments de ferme et ses irrigations.

Mme de Morenghe, à Thonne-les-Prés, pour installation de ferme pouvant servir de modèle. — Outillage simple et complet. — Heureuse association du propriétaire et du fermier.

M. Radouan, à Remennecourt, pour extension et bonne culture de plantes sarclées. — Engraissement du bétail.

Une médaille d'or, à M. Collet, de Vaudoncourt, commune de Lisle-en-Barrois. — Création de prairies naturelles. — Marnages et engraissement du mouton sur une grande échelle.

Médaille d'argent grand module, à M. Raulin, à Saint-Étienne, commune de Véel. — Mise en valeur de terrains médiocres.

Médaille d'argent, à M. Huguin-Lallemant, à la ferme des Anglecourts, pour son beau troupeau métis-mérinos.

Du 30 avril au 8 mai se tint, à Bar-le-Duc, l'exposition régionale à laquelle prirent part les cultivateurs des départements de l'Aube, des Ardennes, de la Côte-d'Or, de la Marne, de la Haute-Marne, de la Meuse et de l'Yonne.

Avant la distribution des récompenses, M. Lambezat, inspecteur de l'agriculture, prononça un discours duquel nous extrayons les deux passages suivants :

« La période septennale, qui vient de s'écouler, n'a pas été perdue, et l'exposition remarquable, qui est sous vos yeux en ce moment, prouve que des progrès sérieux ont été réalisés dans toutes les spécialités agricoles qui composent l'ensemble du concours.

« Je puis dire hautement, ici, qu'il serait difficile d'offrir, à un public intelligent, une collection plus complète dans tous les genres que celle qu'il est donné d'étudier depuis quatre jours, à Bar-le-Duc, au Champ-de-Mars. »

A cette brillante exposition figuraient :

289 bêtes bovines ;
156 — ovines ;
98 — porcines ;
109 animaux de basse-cour ;
476 instruments d'intérieur et d'extérieur ;
93 numéros de produits agricoles ;

1871.

En 1871 la prime d'honneur fut donnée à M. Radouan. Certain, dit le rapport, que le jury était, que la ferme de Remennecourt peut être offerte comme un excellent exemple aux agriculteurs du département; à l'unanimité des suffrages, il a été décerné à M. Radouan la prime d'honneur de la Meuse.

Un prix cultural fut attribué à M. Ch. Raulin, boucher à Bar-le-Duc.

Enfin le jury accorda pour travaux spéciaux des médailles d'or grand module à :

M. Faillette, de Charpentry, pour amélioration foncière de sa propriété au moyen d'acquisitions et d'échanges; — pour l'adoption d'un assolement régulier à base fourragère sur un territoire très morcelé; — pour la bonne tenue des bâtiments de ferme et pour l'amélioration et le bon état d'un nombreux troupeau de métis-mérinos.

M. l'abbé Tardif de Moidrey, d'Hannoncelles, pour le drainage de 14 hectares de terres humides et compactes, et la création importante de prairies irriguées.

MM. Boinette, père et fils, reçurent une médaille d'or pour application des méthodes perfectionnées dans la culture de la vigne en vue de leur propagation dans le pays et pour introduction de cépages étrangers au département.

Le concours régional qui devait se tenir à Bar-le-Duc en 1872 n'eut pas lieu, il fut supprimé par décision du Ministre de l'Agriculture et du Commerce, en date du 28 mai 1872, à cause des désastres occasionnés par la guerre et les ravages qu'exerçait, à cette époque, le typhus sur les animaux bovins.

1880.

Aucune exploitation du département de la Meuse n'a été jugée digne de la prime d'honneur.

Les années peu favorables à l'agriculture, que nous venons de traverser, dit M. Guerrapain, ne sont, certes, pas étrangères à cette pénurie de candidats.

Des médailles de spécialités ont ainsi été distribuées :

Médailles d'or grand module : M. Courot, à Auzécourt, pour ses travaux de drainage et sa belle culture de froment.

Médaille d'or : M. Hurlin, à Stainville, pour ses prairies artificielles, ses céréales et son élevage de bêtes à cornes.

M. Cochard, à Thonne-la-Long, pour ses prairies naturelles et la bonne préparation de ses fumiers.

M. Poirson, à Bar-le-Duc, pour la création d'une houblonnière importante et parfaitement dirigée.

Médaille d'argent grand module : M. Bastien Enchery, à Rupt-aux-Nonains, pour son matériel d'exploitation et la bonne tenue de sa ferme.

L'exposition régionale eut lieu, comme en 1857 et en 1864, à Bar-le-Duc.

Voici le relevé des inscriptions :

Espèce bovine........	286 têtes.
— ovine.........	104 lots.
— porcine........	39 têtes.
Animaux de basse-cour.	100 numéros.
Instruments divers....	1.366 —
Produits agricoles.....	164 —

Figuraient à ce concours, les agriculteurs, constructeurs et producteurs des départements des Ardennes, de l'Aube, de la Marne, de la Haute-Marne, de la Meurthe-et-Moselle, de la Meuse et des Vosges.

« Le cultivateur le plus modeste apprend dans ces concours et ces comices que sa profession n'est plus condamnée à une routine éternelle ; il y apprend que les esprits les plus savants et les plus ingénieux s'apprêtent à réaliser des progrès constants dans la mécanique agricole et dans l'utilisation des forces chimiques, physiques et physiologiques.

« Il y apprend que les transformations y sont incessantes et que l'agriculture a aujourd'hui pour auxiliaire une science non moins élevée, non moins complexe, qui est la science industrielle. Il a la conscience que l'agriculture est en train de soigner aussi ses titres de noblesse et que l'agriculteur, par un travail plus intelligent et plus méthodique, s'élève en force morale et en dignité » (Extrait du discours prononcé à l'occasion du concours de Bar-le-Duc, en 1880, par M. Varroy, ministre des travaux publics).

Tenant au concours agricole, la ville de Bar-le-Duc avait fait construire une grande halle abritant une exposition industrielle.

1891.

Parmi les 47 concurrents qui se sont fait inscrire, en 1890, pour le concours de la prime d'honneur, les prix culturaux et les médailles de spécialités, la commission a été heureuse, dit le rapporteur, d'en rencontrer de très intéressants. Grâce à la persévérance de ces porte-drapeaux du progrès agricole, l'agriculture de la Meuse devient de plus en plus éclairée. Mais, malgré le chemin parcouru pendant ces dernières années, il reste encore beaucoup à faire.

Voici la liste des récompenses :
Pas de prime d'honneur.

Prix culturaux : M. Courot, Célestin, à Auzécourt.
— : M. Davenne, Anatole, à Brillon.
Prix d'honneur spécial des écoles pratiques d'agriculture : M. Krantz, aux Merchines, commune de Lisle-en-Barrois.

Prix d'irrigation.

Médaille d'or : M. Leblanc, Edouard, à Couvonges.
Médaille d'argent grand module : M. de Moïdrey, Léon, à Ville-en-Woëvre.
Médaille d'argent : M. Charpentier, Em., à Baleycourt.
Médaille d'or : M. Guillemin, Alfred, à Chardogne.

Médaille d'argent : M. Louppe, Jacques, à Maucourt.
Médaille de bronze : M. Thiébaut, à Samogneux.
— M. Schirich, à Dieue.

Prime d'honneur de la petite culture : M. Boutte, Dominique, à Thillot-sous-les-Côtes.

Prix de petite culture : M. Joly, Joseph, à Sauvigny.

Prix à l'horticulture : Médaille d'or grand module : M. Mangin, Charles, à Varney.

Prix à l'horticulture : Médaille d'or : M. Pagin, Alphonse, à Thillot-sous-les-Côtes.

Prime d'honneur à l'arboriculture : M. Valentin, Bernard, à Fresnes-en-Woëvre.

Prix à l'arboriculture : M. Blanchot, Adolphe, à Ville-en-Woëvre.

Prix à l'arboriculture : M. Picard, Basile, à Courouvre.

Prix de spécialités.

Objet d'art : M. Varinot, à Tannois, pour l'ensemble de ses cultures.

Médaille d'or grand module : M. Denis, Léopold, à Triaucourt, pour ses améliorations culturales.

Médaille d'or grand module : M. Raulin, Alfred, à Véel, pour l'ensemble de ses cultures.

Médaille d'or : M. Audinot, Eugène, à Saint-Joire, pour ses reboisements.

Médaille d'or : M. Bernage, Firmin, à Sauvigny, pour l'ensemble de sa vacherie et ses cultures de céréales.

Médaille d'or : M. Bouchon, Auguste, à Ligny, pour son apiculture.

Médaille d'or : M. Collet, Amédée, à Lisle-en-Barrois, pour création de pâturages.

Médaille d'or : M. Gérard Brice, à Couvertpuits, pour ses reboisements.

Médaille d'or : M. Lataix, Henri, à Rupt-aux-Nonains, pour l'ensemble de ses cultures.

Médaille d'or : M. Raulx, Charles, à Loupmont, pour création de pâturages et bonne tenue de vignes.

Médaille d'argent grand module : Association syndicale de Lamorville, pour ses travaux d'irrigation.

Médaille d'argent grand module : M. Bouchy, Joseph, à Warcq, pour bonne installation de vacherie et de porcherie.

Médaille d'argent grand module : M. Claudon, Emile, à Behonne, pour culture de vignes en lignes.

Médaille d'argent grand module : M. Collet, Léon, à Lisle-en-Barrois, pour sa culture de porte-graines de betteraves fourragères.

Médaille d'argent grand module : M. Gand, Armand, à Vaubecourt, pour ses marnages et améliorations culturales.

Médaille d'argent grand module : M. Humblot, François, à Resson, pour sa culture de vignes en lignes.

Médaille d'argent grand module : M. Lapointe, Prosper, à Neuvilly, pour création de pâturages.

Médaille d'argent grand module : M. Pérignon, Pierre, à Heippes, pour l'ensemble de ses cultures et création de pâturages.

Médaille d'argent grand module : M. Richard, Jean, à Erize-la-Brûlée, pour captation de sources.

Médaille d'argent : M. Guyot, Louis, à Vaubecourt, pour ses marnages.

Médaille d'argent : M. Regnault, Louis, à Malancourt, pour installation de fosses à purin.

Médaille de bronze : M. Barbier, Alexandre, au Grand-Cléry, pour amélioration de prairies.

Médaille de bronze : M. Pardieu, Albert, à Lahayville, pour captation d'eaux destinées à l'irrigation.

Médaille de bronze : M. Féron, Amédée, à Vilosne, pour essais de variétés de blé.

Au concours régional qui s'est tenu à Bar-le-Duc, du 2 au 10 mai, tous les agriculteurs, constructeurs, etc., résidant en France, en Algérie et dans les colonies, sans distinction de région et quel que soit leur domicile, avaient la faculté d'y exposer des animaux, instruments, produits divers.

A ce concours figuraient :

    460 têtes de l'espèce bovine ;
     48   —   — ovine ;
     46   —   — porcine ;
     91 animaux de basse-cour ;
  1.085 numéros de produits divers ;
  1.613 instruments.

Dans l'enceinte de l'exposition se tint aussi, du 7 au 10 mai, un concours hippique : 57 exposants y avaient amené 104 animaux, dont 37 chevaux de trait et 67 de demi-sang.

Du discours prononcé par M. Tisserand, directeur de l'agriculture, au moment de la distribution des prix, nous détachons les passages suivants :

« Par rapport à la dernière exposition régionale qui a eu lieu en 1880, celle de 1891 accuse des progrès proportionnellement aussi marqués. Le nombre des animaux, des machines et des produits est de 35 à 40 p. 0/0 plus considérable qu'en 1880.

« Et ce n'est pas seulement le nombre qui a augmenté. Ce qui distingue encore l'exposition d'aujourd'hui sur ses devancières, c'est la qualité supérieure des animaux, des produits et des instruments exposés.

« Jamais, dans la région, on n'a vu une collection de races bovines aussi variées et d'animaux aussi réussis. Les bonnes races gagnent de plus en plus du terrain et se fixent dans la région. »

Nous pourrions tirer de cet exposé de nombreuses et très intéressantes conclusions, mais comme le but que nous poursuivons est limité, nous nous contenterons de dire que si d'un côté les exhibitions, les concours et les expositions régionales ont exercé une influence sensible sur le développement de l'intelligence des habitants des campagnes, ces luttes ont aussi été fécondes en résultats car elles ont stimulé l'indifférence, secoué l'apathie, ouvert des voies nouvelles, étendu le système d'action de tous; enfin, elles ont permis aux cultivateurs d'acquérir par l'inspection des animaux, des instruments, des produits exposés, et des méthodes de culture suivies, des connaissances agricoles très étendues qui se sont transmises et se répercuteront de génération en génération.

CHAPITRE II

Enseignement en commun.

L'enseignement en commun a été réalisé par les associations agricoles. En effet, les agriculteurs compétents, composant ces sociétés, ont étudié et porté à la connaissance tant de leurs collègues que de leurs concitoyens les méthodes les plus judicieuses à employer ; ils ont mis en relief les travaux les plus applicables ; divulgué, par leurs écrits, les connaissances pratiques les plus sûres et celles, au contraire, rejetées par l'expérience ; tenté l'introduction des machines et des instruments agricoles les plus perfectionnés, des plantes et des animaux améliorés ; enfin, ils ont à diverses reprises exprimé leurs vues sur des questions d'économie et de législation rurales, ainsi que sur celles ayant trait à l'instruction agricole. Il suffit de se reporter au programme arrêté par l'une de ces associations pour montrer l'importance des sujets qu'elles sont à même de traiter et pour juger de l'action efficace qu'elles ont dû exercer sur la marche en avant de l'enseignement agricole dans notre département.

L'art. 4 du règlement de la Société d'agriculture de Commercy, rédigé en 1866, porte que : « L'association s'occupera exclusivement d'agriculture, d'économie rurale et de tous objets se rattachant à cette importante industrie.

« Ainsi son institution a pour but notamment : les assolements ; les irrigations ; la suppression des pratiques défectueuses ou mauvaises routines ; l'amélioration des constructions rurales ; le défrichement des terres incultes ; le dessèchement des marais ; la propagation des nouvelles découvertes, telles, par exemple, que le drainage appliqué aux terres humides ; le perfectionnement des engrais naturels et artificiels ; l'introduction, à prix réduit, des instruments aratoires perfectionnés ; la propagation des nouvelles semences ; les plantations de diverses essences de bois et arbres fruitiers appropriés à la nature du sol dans le but d'en augmenter la valeur et de lui donner de l'agrément ; le jardinage ; la culture de la vigne et la fabrication du vin ; l'exploitation des étangs, par une alternative de culture de céréales et de mise en eau ; les prairies naturelles et artificielles ; le perfectionnement des races d'animaux domestiques ; la pisciculture ; l'éducation des abeilles. »

Sociétés et Comices agricoles. — D'après les recherches que nous avons faites sur la date de création de sociétés s'occupant d'agriculture, il résulte que la première de celles-ci a été organisée à la suite de l'arrêté préfectoral du 14 septembre 1820, dont l'article premier est ainsi conçu :

« Il sera formé, au chef-lieu du département de la Meuse, une société pour l'amélioration de l'agriculture et des arts industriels. Elle prendra le titre de Société d'agriculture et des arts. »

L'art. 2 est formulé comme il suit : « Les membres de la Société seront choisis parmi les propriétaires, agriculteurs et manufacturiers qui cultivent avec le plus de zèle et de succès l'une des branches de l'économie rurale ou des arts qui seront l'objet de la Société ».

Le 16 novembre, de la même année, cette association tint sa première assemblée, sous la présidence du Préfet et nomma son Bureau qui fut ainsi composé :

MM. Bouillard, Louis, maire de Bar, *président*.
Gillon, ancien secrétaire général, *vice-président*.
Lavocat, ancien officier du génie, *secrétaire*.
Demangeot-Baillot, *secrétaire-adjoint*.

Il est ensuite décidé que la Société sera composée de 120 membres ; que chaque arrondissement communal formera une section avec les sociétaires qui lui sont départis dans une proportion déterminée ; qu'il y aura des assemblées de sections et des réunions générales ; enfin une commission fut nommée pour préparer un règlement.

Dans son assemblée générale du 7 décembre 1821, la réunion porta définitivement au complet le nombre de ses membres.

Le 16 janvier 1822, la Société procéda au renouvellement des membres de son Bureau et, le 15 juin de la même année, elle se réunit pour la première fois en séance publique ; dans cette séance, le rapporteur rend compte des essais comparatifs faits avec la charrue Guillaume et l'araire Dombasle ; donne lecture d'un mémoire de M. Didry, artiste vétérinaire, sur une maladie des porcs désignée sous le nom de soye ou soyon ; entretient l'assemblée sur les avantages que présente la pimprenelle et émet le vœu que des essais vinssent appuyer les observations communiquées qui lui paraissent justes.

Après un essai fait le 8 août 1822, les avis étant partagés ou du moins incertains relativement aux qualités qu'offre l'araire Dombasle, M. Franchot, d'Ancerville, est proposé pour expérimenter à nouveau cet instrument et pour communiquer son impression lors de la première réunion.

Dans une séance de l'année 1822, il est décidé que des prix et des médailles seront décernés, en 1823, aux meilleurs mémoires sur l'assolement le plus avantageux à appliquer aux différentes terres d'un arrondissement ; à l'application de l'incision annulaire ; à un procédé permettant d'améliorer un genre de fabrication quelconque; à l'introduction ou à l'invention d'un pressoir simple et économique : des récompenses seront également accordées à ceux qui s'adonnent, dans le département, avec le plus de succès, à la fabrication des fromages propres à être livrés au commerce.

Le 15 mai 1823, la Société d'agriculture et des arts s'est réunie sous la présidence de M. Prieur de la Combe; le rapporteur rend compte des travaux de ladite Société qui peuvent être ainsi résumés :

1° La charrue araire Dombasle a sur les charrues ordinaires, de grands avantages ;

2° La culture du maïs est peu répandue dans nos contrées;

3° Il faudrait naturaliser le chataignier dans la Meuse;

4° La machine de M. Christian pour affiner, sans rouissage préalable, le chanvre et le lin a été mise à l'essai par M. Thernaux, de Tilly ;

5° Des récits ont été faits sur les modes de vinification;

6° Aucun prix n'est décerné, ils sont de nouveau remis au concours.

Par arrêté du 15 juin 1823, la Société d'agriculture et des arts, établie par décision du 14 septembre 1820 et divisée en quatre sections par le règlement du 7 février 1821, est, et demeure dissoute. Il sera formé dans le département, dit l'arrêté, une seule et unique association pour l'amélioration de l'agriculture et le perfectionnement des arts industriels. Elle se composera de 60 membres.

L'année même de sa réorganisation, la Société d'agriculture tint une assemblée (le 8 octobre) sous la présidence du Préfet qui énumère les différents travaux auxquels la Société doit se consacrer; sont ensuite nommés :

MM. le comte de Lorency, *président*.
le baron Chollet, *vice-président*.
de Cheppe, *secrétaire*.
Henriquet, *trésorier*.

Cette association dut prendre fin quelque temps après 1823, car à partir de cette date nous n'avons plus trouvé trace ni de ses réunions ni de ses travaux.

Le 1er août 1822 se fondait, à Verdun, la Société philomatique qui existe encore de nos jours ; elle fut autorisée par le Ministre de l'Intérieur, le 25 août 1834, et déclarée d'utilité publique par décret impérial du 4 avril 1860.

Dans sa séance de 1824, cette association se constitua en 10 sections, savoir : 1° agriculture, économie rurale et domestique ; 2° archéologie ; 3° beaux-arts et arts industriels ; 4° botanique ; 5° géographie et statistique ; 6° mathématique ; 7° médecine humaine et vétérinaire ; 8° minéralogie ; 9° physique et chimie ; 10° zoologie.

En date du 2 mars 1826, elle prenait une délibération en vertu de laquelle la section d'agriculture recevrait une organisation particulière dont elle posa les bases.

Conformément au programme élaboré, elle décida qu'il serait fait :

Des essais d'instruments aratoires perfectionnés ;

Des essais de culture comparée de pommes de terre suivant l'ancienne méthode et avec les nouveaux instruments ; de diverses variétés de blés ; de plâtrage de trèfle, à diverses époques ; de culture de pommes de terre ; de betteraves ; de trèfle semé, soit avec blé, soit avec les semences de mars.

La même année cette section, pour se conformer aux décisions du Conseil général, dut se séparer de la Société-mère : c'est ce qui eut lieu.

La délibération de l'assemblée départementale portait que : deux sociétés d'agriculture seraient fondées ; l'une groupant les cultivateurs des deux arrondissements du Nord du département et ayant son siège à Verdun ; l'autre réunissant ceux des deux arrondissements du Sud et ayant Bar-le-Duc pour centre.

Cette division du département en deux circonscriptions dura de 1826 à 1835. A cette dernière époque le

Conseil général prit une nouvelle délibération par laquelle, aucune subvention ne serait accordée sur les fonds départementaux que, si, à l'avenir, chaque arrondissement ne se constituait en société distincte.

La Société des arrondissements de Bar et Commercy fut dissoute en novembre 1835; celle de Verdun et Montmédy le fut au 1er janvier 1836.

En 1829, la Société meusienne se fondait dans le but de rechercher les moyens de favoriser l'instruction, dans le département de la Meuse; d'y donner plus de développement à l'agriculture, à l'industrie et au commerce; enfin d'y répandre plus généralement le goût des arts, des sciences et de la littérature, son siège était établi à Paris.

En 1830 ladite société se proposait de décerner : 1° un prix de 150 francs pour la meilleure statistique d'un canton du département de la Meuse; 2° deux prix de la valeur de 50 francs chacun pour les deux meilleures statistiques d'une commune du même département.

Nous ne savons pas si la Société meusienne eut une longue durée; à partir de 1830 nous n'avons trouvé nulle trace du compte-rendu de ses réunions, ni des rapports sur les mémoires qu'elle devait récompenser.

M. Lesemelier, président de la Société de Bar et Commercy, dans un discours prononcé le 15 janvier 1833, dit : « ce sont les sociétés d'agriculture qui doivent rechercher et proclamer les moyens de faire produire à la terre tout ce qu'on peut espérer d'elle; mais aussi des obstacles nombreux les empêchent d'arriver à ce but; car, tout ce qui tend à changer les habitudes de nos cultivateurs, à renverser des routines qui ont pour elles l'autorité du temps, n'est reçu par eux qu'avec défaveur, et cette méfiance avec laquelle ils accueillent toutes les innovations est la cause première de tous les mécomptes qu'ont éprouvé leurs auteurs ».

Le 1er octobre 1837 la Société d'agriculture de l'arrondissement de Bar-le-Duc avait créé un Comice agricole d'arrondissement en vue d'attirer à elle un plus grand nombre de praticiens (Proposition émise le 25 janvier 1837, par M. F. G. d'Olincourt).

En prenant l'initiative de fonder un Comice agricole, la société d'agriculture, dit M. Vaaché, secrétaire, avait voulu, dans ces derniers temps, généraliser et vivifier autour d'elle, d'une manière pratique, le principe même de sa propre association et il était permis d'en espérer une expérimentation plus rationnelle de nos méthodes de culture, un progrès plus sûr et plus mathématique de la science agricole. Ces justes espérances, qu'on pouvait raisonnablement concevoir, semblent s'évanouir en définitive... La société s'est modifiée; elle le pouvait assurément; elle a sans doute fait pour le mieux, mais en abandonnant le Comice à lui-même et en le rendant indépendant, les craintes que je vous exprimais le 23 juin 1839, sur ses destinées toutes prochaines, ne se sont que trop tôt réalisées. Le Comice n'existe plus que de nom et personne, que je sache, si ce n'est moi peut-être en ce moment, ne prend souci de ce qu'il est devenu ni de ce qu'il deviendra... (Rapport sur les travaux de la société d'agriculture de l'arrondissement de Bar-le-Duc depuis le 23 juin 1839 jusqu'au 20 décembre 1840).

D'après l'approbation ministérielle du 30 novembre 1839, le canton de Gondrecourt, fort éloigné de Commercy, est autorisé à se former en comice isolé.

Par une circulaire en date du 22 février 1840, relative à l'organisation et aux travaux des associations agricoles, le Ministre de l'agriculture et du commerce informe les Préfets que la fondation des comices, pas plus que celle des sociétés d'agriculture, ne peut être l'objet de mesures administratives. Un des caractères principaux de ces associations, dit la circulaire, et qu'il est essentiel de leur conserver, c'est de se former d'elles-mêmes.

Lorsque les éléments réels d'un comice existeront dans une circonscription donnée (arrondissement ou canton), c'est-à-dire lorsqu'un nombre suffisant d'agriculteurs seront disposés à se réunir, lorsqu'ils auront pris les mesures nécessaires, arrêté un règlement, fixé le montant des cotisations, c'est alors que l'administration interviendra, pour approuver d'abord les statuts, et accorder ensuite des subventions proportionnées à l'importance, aux sacrifices personnels et aux ressources dont pourra disposer l'association.

Il a été reconnu continue ladite circulaire que, dans les sociétés, la théorie prédominait plus généralement : que les comices étaient plutôt appelés à concourir au perfectionnement par la pratique. Telle est la distinction qui caractérise ces associations, mais qui n'entraîne, de part ni d'autre, nulle idée de suprématie.

Dans un article intitulé « Comices agricoles », M. Roussel, président du comice de Gondrecourt, frappé du peu de liaison qui existe entre ces associations et de l'absence de direction qui en paralysent les effets, propose leur union.

Aujourd'hui dit-il, les comices sont des corps isolés qui ont une vue particulière, individuelle; dont les actes, les travaux, les essais, les sacrifices ne se révèlent que dans la localité où ils sont établis, et ne s'étendent point au delà. Les travaux des plus anciens comices sont perdus pour les nouveaux, et leur restent le plus souvent inconnus.

Nous extrayons du discours prononcé par M. Roussel à l'occasion de l'ouverture de la première réunion du comice de Gondrecourt les citations qui suivent :

« Un comice agricole, est une réunion de citoyens qui se proposent, dans un but d'utilité particulière et publique, de mettre en commun l'expérience acquise, les observations faites par eux sur l'agriculture pour améliorer cet art, le premier et le plus nécessaire de tous, par le perfectionnement soit des procédés agronomiques, soit des instruments aratoires, la culture de nouvelles plantes, céréales ou fourragères, et la multiplication et l'éducation des espèces chevaline, ovine, bovine, etc......

« L'homme qui cultive les sciences physiques et naturelles peut créer ou rectifier des procédés d'industrie agricole, perfectionner des instruments aratoires, détruire par ses lumières des préjugés, de vieilles routines, et diriger dans l'emploi et la composition des engrais comme dans l'usage et la culture d'un nouveau produit.

Chaque membre peut donc se rendre utile dans un comice agricole et concourir à l'accomplissement de l'œuvre commune. »

Dans sa séance du 15 juillet 1840, la Société d'agriculture de Montmédy reconnaissant les efforts du comice agricole de Brieulles lui attribue, à titre d'encouragement, deux primes de 50 francs pour l'amélioration, dans sa circonscription, de l'espèce ovine.

En 1841, le Conseil général de la Meuse appelé à donner son appréciation sur l'utilité des comices fait la réponse suivante :

« Dans la Meuse, les comices, en général, ne sont pas nécessaires ; les sociétés d'agriculture, composées presque exclusivement d'hommes qui travaillent la terre ou la font travailler sous leurs yeux, sont pratiques comme le sont ces hommes utiles ; elles ont les avantages des comices sans en avoir les inconvénients. »

Le canton de Spincourt ayant formulé, en 1846, une demande pour se constituer en comice séparé, ne fut point autorisé.

Ces associations, a répondu M. le Ministre, ne peuvent être reconnues que comme sections cantonales se rattachant à l'association agricole du chef-lieu d'arrondissement, n'ayant pas d'autre règlement qu'elle et ne participant au bénéfice des subventions allouées, sur le crédit des encouragements à l'agriculture, que par l'effet des concours d'arrondissement qui devront être portés chaque année dans l'un des cantons.

L'Assemblée nationale adopte, aux dates du 25 février, 10 et 20 mars 1851, une loi relative à l'organisation des comices agricoles, des chambres et du conseil général d'agriculture. La partie qui vise les comices agricoles comprend 5 articles; voici les principaux :

Art. 1er. — Il sera établi dans chaque arrondissement un ou plusieurs comices agricoles.

Art. 3. — Les comices existant à l'époque de la promulgation de la présente loi sont maintenus à la condition de se conformer aux dispositions qui règlent l'élection des membres de la chambre consultative.

Les sociétés s'occupant d'agriculture pourront être assimilées aux comices pour les circonscriptions qui leur seront assignées par le Conseil général. Elles devront remplir toutes les obligations des comices.

Art. 4. — Sur la proposition du Préfet, le Conseil général fixera la circonscription des comices.

Art. 5... — Il sont particulièrement chargés des intérêts agricoles pratiques, du jugement des concours, de la distribution des primes ou autres récompenses dans leur circonscription.

Aussitôt la promulgation de cette loi, les sociétés d'agriculture furent consultées. Elles répondirent qu'elles demandaient à être assimilées aux comices et qu'elles s'engageaient à remplir toutes les obligations qui leur étaient imposées.

Le Conseil général, de son côté, décida qu'il n'y aurait qu'une circonscription pour les arrondissements de Bar et de Verdun et que celle de Commercy en comprendrait deux : la circonscription du canton de Gondrecourt et la circonscription de Commercy (comprenant tous les cantons de l'arrondissement, moins celui de Gondrecourt).

Mais attendu, qu'indépendamment de la Société d'agriculture de Montmédy, il existe un comice agricole dans le canton de Spincourt et un second à Brieulles pour les cantons réunis de Montfaucon et de Dun, le Conseil général propose, d'accord avec le Préfet, que l'arrondissement de Montmédy sera divisé en 3 circonscriptions. 1º Celle du canton de Spincourt; 2º celle des cantons de Dun et Montfaucon, ayant Brieulles pour centre ; 3° celle de Montmédy comprenant le reste de l'arrondissement (séance du 3 septembre 1851).

Une année après la loi créatrice des comices agricoles, en 1852, M. Hâst, de Saint-Mihiel, écrivit au Préfet pour demander que les cantons de Saint-Mihiel, Vigneulles et Pierrefitte fussent détachés de la circonscription de Commercy, pour former un comice séparé. Par sa délibération du 29 août 1853, le Conseil général approuve la demande des membres du comice agricole de Commercy habitant les cantons de Saint-Mihiel, Vigneulles et Pierrefitte, et décide que les crédits départementaux seront répartis, par portions égales, entre les quatre sociétés, sauf la faculté laissée à ces dernières de seconder les comices de leur circonscription dans la proportion de leurs besoins légitimes, et sans que la somme affectée à l'achat de types reproducteurs puisse être détournée de son affectation.

Le 23 septembre 1853, le Préfet approuvait le règlement du comice des cantons de Saint-Mihiel, Vigneulles et Pierrefitte.

Les comices de Gondrecourt et de Saint-Mihiel n'eurent qu'une existence éphémère ; ils végétèrent pendant un certain temps, après quoi ils prirent fin naturellement et d'eux-mêmes ; celui de Gondrecourt ne dura que quelques années ; quant à celui de Saint-Mihiel il avait cessé d'exister en 1866.

Dans un article consacré aux « Comices agricoles cantonaux » publié en 1877, M. Faubert, d'Abainville, fait ressortir les avantages de ces associations et conclue : Que chaque canton crée donc un comice qui relève de la Société d'agriculture de l'arrondissement ; chaque cultivateur, pauvre comme riche, pourra assister aux réunions qui se tiendront au chef-lieu de canton. Je soumets cette idée aux cultivateurs de nos contrées, qu'ils veulent bien l'examiner, et, si cela est possible, travailler tous d'un commun accord à la réorganisation des anciens comices agricoles cantonaux.

A dater de 1882, la question de division des sociétés d'arrondissement en sociétés et comices cantonaux fut de nouveau reprise.

A la suite d'une réunion tenue à Saint-Mihiel le 31 juillet 1882, par des cultivateurs et des vignerons des cantons de Saint-Mihiel, Vigneulles et Pierrefitte, un Comité d'agriculture s'organisa; les statuts reçurent l'approbation préfectorale à la date du 17 août, même année. Voici pour les autres associations actuellement existantes, l'époque à laquelle leur règlement entra en vigueur.

Etain................	9 août 1880.
Triaucourt...........	18 août 1883.
Vaucouleurs.........	17 juillet 1884.
Gondrecourt.........	27 décembre 1886.
Montiers-sur-Saulx...	13 avril 1887.
Montfaucon..........	17 juillet 1891.
Spincourt...........	en voie de formation.

On peut assurer que les sociétés et comices agricoles créés dans la Meuse, depuis 1820 jusqu'à nos jours, ont contribué, dans une large mesure, à faire acquérir aux cultivateurs de notre département des connaissances théoriques et pratiques approfondies sur toutes les questions agricoles ou sur celles se rattachant soit directement, soit même indirectement à la science agronomique.

En effet, la variété des sujets qu'ils ont étudiés avec précision; les nombreux comptes-rendus publiés tant sur le sol que sur les engrais, les instruments, les végétaux et les animaux; les importants rapports qui leur ont été adressés, sur tout ce qui a trait à l'agriculture, par leurs membres ou par les commissions qu'ils avaient nommées; les conceptions qu'ils ont provoquées; les discussions qui se sont produites dans leur sein; les vœux émis; les publications qu'ils ont publiées; les sommes consacrées à l'organisation des exhibitions, des concours et à l'introduction, des engrais, semences, instruments et animaux nouveaux ; les récompenses qu'ils ont accordées ; les prix attribués, à différentes reprises, aux instituteurs qui se vouaient à l'enseignement agricole, etc., etc., ont permis aux cultivateurs de s'instruire en même temps qu'ils étaient mis à même de tirer le meilleur parti possible de la situation dans laquelle ils se trouvaient.

Sociétés d'horticulture. — Le règlement de la société d'horticulture, d'arboriculture et de viticulture de la Meuse, dont le siège est Verdun, fut approuvé le 9 juillet 1888.

Cette société vise surtout : l'amélioration et l'encouragement des cultures potagères, des plantations d'arbres fruitiers et d'agrément, des fleurs de pleine terre, d'orangerie et de serre, de la vigne, des instruments de tous genres propres à l'horticulture, à l'arboriculture et à la viticulture.

Elle concourt également à la diffusion de la science agricole et horticole et à la propagation des méthodes utiles par : l'établissement d'un jardin d'expériences créé au faubourg Pavé, proche Verdun ; la distribution de graines et de plants ; les conférences et l'exposition qu'elle organise chaque année ; enfin elle agit encore, d'une manière favorable, sur le développement de l'instruction des cultivateurs, horticulteurs et arboriculteurs par l'intéressant et instructif bulletin qu'elle fait paraître tous les trois mois.

Une nouvelle Société d'horticulture vient de se fonder à Bar-le-Duc.

Sociétés d'apiculture. — A l'issue du concours régional agricole tenu à Bar-le-Duc, en 1891, deux Sociétés d'apiculture se constituèrent ; l'une dénommée : Société départementale d'apiculture, avec Bar-le-Duc pour siège, eut ses statuts approuvés le 10 octobre 1891 ; sa vitalité et les grands services qu'elle a rendu et qu'elle rend encore sont incontestables ; l'autre ayant pour titre : Société d'apiculture de l'arrondissement de Commercy, avec Commercy pour centre, reçut l'approbation préfectorale le 16 mars 1892, et fut dissoute en 1895 ; elle s'était donnée la mission d'encourager l'élevage des abeilles et de recommander les méthodes et les procédés les plus sûrs pour obtenir de ces utiles insectes le plus de miel et de cire possible.

La Société départementale d'après l'art. 11 de ses statuts a pour but : de seconder le développement des progrès de l'apiculture, l'affranchissement des routines défectueuses, l'introduction et l'emploi des meilleurs instruments apicoles, l'application et l'extension des méthodes de perfectionnement.

Elle concourt à la diffusion des procédés utiles et au développement du progrès apicole par les moyens suivants : conférences et expositions dans les chefs-lieux d'arrondissements ; récompenses offertes aux exposants des concours et comices agricoles, pour miels, cires, hydromels, ruches diverses, outillage, instruments et livres concernant l'apiculture ; primes décernées aux apiculteurs de profession et aux amateurs, curés, instituteurs de la Meuse qui possèdent des ruchers établis dans de bonnes conditions.

Outre ces encouragements, la société achète des abeilles-mères étrangères, des essaims, des instruments perfectionnés. Les abeilles-mères et les essaims sont revendus au rabais aux sociétaires, à charge par eux de les conserver pour l'amélioration de l'espèce locale. Les instruments perfectionnés sont aussi cédés à bas prix aux sociétaires.

Dans une conférence sur l'utilité d'une société d'apiculture, M. Prévost, dit qu'un des buts d'une association de ce genre, c'est de répandre partout, dans la masse des apiculteurs, l'emploi des méthodes intensives, sans distinction de systèmes : fixistes ou mobilistes.

Comme répandre c'est faire connaître, c'est enseigner, il s'ensuit donc que cette société a joué et jouera encore, dans la suite, un rôle important au point de vue de l'instruction des cultivateurs et des apiculteurs meusiens.

CHAPITRE III

Enseignement spécial ou technique.

Si cet enseignement, qui est d'une date relativement récente, est celui qui a permis d'inculquer rapidement aux cultivateurs des notions exactes de la science agricole, nous devons reconnaître que depuis longtemps déjà, dans la Meuse, des idées relatives au sujet qui nous occupe ont été émises; mais malheureusement pour nos ancêtres, elles n'ont été réalisées que fort tard.

Nous allons examiner, d'une manière succinte, les diverses propositions faites par nos devanciers et passer en revue les moyens à l'aide desquels les connaissances agronomiques ont été répandues sur tous les points de notre département.

A cet effet, nous mentionnons au fur et à mesure de leur apparition les conceptions mises à jour, les vœux formulés, puis nous étudions les créations dont ils ont été la conséquence.

Nous extrayons de l'annuaire de l'an XII les passages suivants :

« On sait que, dans les campagnes, les instituteurs manquent pour la plupart des connaissances suffisantes pour enseigner à lire, écrire et compter correctement (à plus forte raison pour apprendre l'agriculture). Ils n'ont aucun plan fixe d'éducation : aussi les progrès des élèves sont d'autant plus faibles qu'ils ne reçoivent des leçons que dans le temps où les travaux champêtres sont suspendus.

« Il serait bien important que MM. les curés aidassent de leurs lumières les maîtres d'école afin d'assurer aux jeunes gens des deux sexes la connaissance des premiers éléments de l'instruction. Il est également à désirer que les parents, pénétrés de l'utilité de cette nstruction, laissent leurs enfants en profiter et se privent pendant quelques temps des faibles secours que ces derniers leur rendent.

« Mais comment obtenir une heureuse innovation dans la pratique du premier des arts! La grande majorité de ceux qui l'exercent suit aveuglément la même marche qu'ont tenue ceux qui les ont précédés. Pour qu'ils secouassent le joug de la routine, il faudrait des exemples multipliés d'amélioration causés par des procédés nouveaux; il faudrait surtout que ces procédés fussent faciles et peu coûteux, car une seule tentative infructueuse fait rejeter au loin toute idée de changement à la plupart des cultivateurs qui ne sont pas en état de sacrifier le présent à l'espoir d'un meilleur avenir ».

Dans son discours d'ouverture de séance de la Société d'agriculture des arrondissements de Bar-le-Duc et Commercy, daté du 15 janvier 1833, M. Lesemelier propose la création, sous les auspices de ladite société, d'une ferme-modèle.

Voici les passages de ce discours qui démontrent l'utilité de cet établissement.

« Les écrits pour cela ne sont rien; l'expérience personnelle peut seule les convaincre (les cultivateurs): c'est sur place même qu'il faut leur démontrer les avantages d'une méthode; il ne suffit pas que quelques citoyens isolés s'en occupent; il faut, c'est ma conviction intime, que chaque société d'agriculture ait une ferme-modèle, expérimentale, à son entière disposition; que là tous ses projets soient exécutés; qu'un rapport exact en soit fait chaque année; qu'alors la société, convaincue de la réalité des avantages qu'on lui présente, fasse imprimer ces rapports, les répande avec profusion chez les cultivateurs et leur démontre ainsi que tel procédé est certain, et que ses produits dépassent de beaucoup ceux de la méthode à laquelle ils sont habitués. Dans ces établissements seraient un ou deux professeurs; ils auraient quelques élèves, et ceux-ci, en sortant, iraient répandre dans leurs communes les principes éprouvés de culture qu'ils auraient eux-mêmes pratiqués, et de la bonté desquels ils seraient intimement convaincus ».

En 1834, M. Alfred de Vidranges, de Ligny, adresse aussi à la même société un projet de création de ferme-modèle ou plutôt d'Institut agricole dans le département de la Meuse.

On ne saurait nier dit-il qu'un tel établissement ne soit de nature à hâter particulièrement les progrès de l'agriculture. Les élèves, après y avoir puisé une instruction solide, après y avoir vu faire de nombreux essais des meilleures méthodes, porteraient dans leurs cantons respectifs des exemples qui profiteraient à la classe ordinaire des cultivateurs.

Ces deux projets ne furent pas réalisés bien que le rapport de la commission nommée à cet effet eut reçu l'approbation des membres de la Société d'agriculture et que le vœu ait été transmis au gouvernement et au Conseil général.

Voici quelques citations extraites de la réponse que fit M. Duchatel, alors ministre du commerce, au président de la société.

« Je suppose que par cette dénomination vous entendez un grand établissement d'agriculture propre à servir d'exemple d'une exploitation judicieuse et profitable, et dans lequel seraient admis des élèves qui y recevraient à la fois une instruction théorique et pratique, comme sont les instituts de Roville, de Grignon, de Grand-Jouan et Coëtbo, etc.

« Mais ces établissements, pour qu'ils puissent produire tous les résultats avantageux qu'on peut en attendre et dont ils sont susceptibles, ont besoin d'être dans une entière indépendance de l'administration et que leur direction ne soit soumise à aucun contrôle de sa part.

« Si, par les soins des membres de la société que vous présidez et d'autres amis de l'agriculture, il s'en formait un de même nature dans le département de la Meuse, il trouverait pareillement appui et faveur auprès de l'administration, et c'est avec plaisir que je le ferais participer aux encouragements dont mon ministère peut disposer dans l'intérêt de l'agriculture. »

Dans un rapport général, sur les travaux de la Société d'agriculture de Bar et de Commercy, du 29 mai 1836, M. F..Gigault d'Olincourt dit : Dans la Meuse, de modestes instituteurs, chargés du sacerdoce de l'instruction publique, vont à l'envi répandre quelques connaissances agricoles dans la sphère qui les environne.

La Société d'agriculture de Verdun créa, la première, un champ d'expériences ; dans ce but elle loua un terrain appartenant au propriétaire de la ferme de Villers-les-Moines. Pendant quatre années, de 1838 à 1841 elle y dépensa la somme de 290 fr. 55. Mais après ce laps de temps écoulé, elle y renonça sans nul doute car on n'en voit plus trace dans les comptes du trésorier.

Cet exemple ne tarda pas à être suivi par la Société de Montmédy ; en 1841 ladite société afferma, aux abords de Montmédy, un terrain qu'elle planta en pommes de terre et dont les cultures superficielles furent effectuées à l'aide du sarcloir et du buttoir de Grignon. Le motif de cet essai était de démontrer les avantages que réunissaient ces instruments perfectionnés sur les outils mus à bras.

Dans sa séance du 7 mai 1841, le comice agricole de Gondrecourt sollicite, de l'administration supérieure du département, l'établissement d'un cours d'industrie agricole et d'agriculture à l'école normale, convaincu qu'il est, que c'est par l'alliance de l'instruction et du travail que l'agriculture se débarrassera des langes qui l'enveloppent, de ses préjugés, de ses routines, pour subir la loi du progrès, se perfectionner et s'élever à la hauteur des autres arts.

Nous lisons dans les délibérations du Conseil général de septembre 1842, sous le titre « Secours à l'agriculture » les passages suivants :

Ces moyens sont éminemments propres, surtout par leur ensemble et leur cohésion, à tirer du sol les richesses qui seraient si profitables à l'amélioration physique et morale des classes les moins aisées, à attacher à la culture de la terre une foule de jeunes hommes qui s'instruiraient en vue de cette existence utile et honorable et que nous voyons aujourd'hui grossir la foule de ceux qui briguent des emplois publics sans pouvoir y atteindre.

Il est presque sans exemple qu'un jeune homme ayant de l'aisance et de l'instruction se fasse cultivateur. Pourquoi cette aversion? parce que l'agriculture reléguée par le gouvernement au nombre des choses qui n'ont pas besoin d'être apprises, qui ne méritent pas d'être enseignées dans les écoles publiques de nos départements, ne paraît pas une carrière qui satisfasse un esprit qui a quelques lumières acquises par l'étude. L'erreur commune est qu'il faut à un employé subalterne d'une administration secondaire plus d'instruction qu'à un laboureur. Un commis de négociant estime que son poste réclame plus de savoir qu'il n'en faut pour diriger une maison d'agriculture. Avec ces funestes préjugés, quel jeune homme aurait donc la raison assez mûre pour comprendre que la science n'est pas moins nécessaire pour obtenir de la terre tout ce qu'elle peut donner que pour exploiter une industrie commerciale?

En 1843, M. J. L. Gillon, député et président de la Société d'agriculture de l'arrondissement de Bar-le-Duc sollicite, de M. le Ministre de l'agriculture et du commerce, la somme nécessaire pour publier en un seul recueil l'analyse des travaux des quatre Sociétés d'agriculture de la Meuse, et placer un exemplaire de ce bulletin dans chacune des 28 bibliothèques cantonales. Cette demande fut favorablement accueillie.

Pour que dans nos campagnes, dit la rédaction du *Journal agricole de la Meuse*, les instituteurs inculquent aux enfants le goût de l'agriculture, il est indispensable que les instituteurs eux-mêmes acquièrent des connaissances de cet art et s'instruisent des progrès, des essais, des découvertes qui intéressent les laboureurs. Ce qu'il faut, continue la rédaction, pour diriger les cultivateurs de la Meuse, c'est le recueil des observations faites par les quatre Sociétés d'agriculture de notre département, observations disséminées jusqu'à présent dans les divers journaux.

Dans sa session de 1843 le Conseil général convaincu que l'Institut agricole de Sainte-Geneviève, près Nancy, peut rendre au pays de grands services, dont il a besoin, s'empresse de voter deux demi-bourses, de chacune 425 francs, pour aider à l'entretien de deux jeunes gens du département ayant l'aptitude et le goût qui garantissent le succès des études. Dans la même session il est dit à propos des notions d'agriculture enseignées dans les écoles primaires : « Trente instituteurs, au plus, ont cherché à enseigner à leurs élèves, ou aux habitants de la commune, la greffe, la taille des arbres et quelques notions d'agriculture, mais ces tentatives ont échoué devant l'indifférence la plus opiniâtre. Cependant les instituteurs ne se découragent pas, ils se préparent, par une plus solide instruction, à inspirer le goût de l'agriculture. Dans plusieurs conférences les entretiens ont porté sur des éléments de cet art dans la pratique duquel on doit s'efforcer de retenir la jeunesse des villages ».

Répondant au texte de cette délibération, M. J. Bonet dans un article inséré, en 1844, dans le *Journal agricole de la Meuse*, démontre la nécessité d'ouvrir un cours d'agriculture à l'école normale de Bar-le-Duc.

Le Conseil général, dit-il, a supprimé l'an dernier l'allocation donnée à un professeur qui se contentait de faire en présence des élèves des opérations plus ou moins judicieuses, sans démonstration, sans principe, sans qu'il fût question le moins du monde, de physiologie végétale : les élèves, on le comprend sans peine, n'apprenaient rien. Qu'auraient-ils reporté, ils ne possédaient rien ? ils n'avaient rien appris, ils ne pouvaient rien montrer. Voilà l'exacte vérité.

Il nous semble donc, poursuit-il, et nous soumettons cette proposition à MM. les membres du Conseil général de la Meuse, qui vont se réunir, qu'il serait très avantageux d'ouvrir un cours d'agriculture à l'école normale. Ce cours serait restreint pendant les premières années et jusqu'à ce que la nécessité se ferait sentir de lui donner plus de développement, plus d'étendue.

Les élèves apprendraient l'art de planter, de greffer, de tailler, de cultiver, en un mot, les arbres de la manière la plus judicieuse et la plus profitable; ils apprendraient à préparer et à utiliser les engrais, à amender les terres, à faire avec discernement des essais de culture, à reconnaître le mérite des instruments perfectionnés; ils recevraient quelques notions d'histoire naturelle en ce qui concerne les principaux animaux domestiques et les végétaux les plus utiles; on leur enseignerait la façon de soigner et de cultiver les abeilles, d'après les meilleurs principes, de manière à en tirer le plus de produits possibles. La culture de la vigne et la plantation en bois des terrains arides ne seraient pas oubliées, etc.

Dans la séance, du 15 septembre 1844, de la Société d'agriculture de Bar-le-Duc, M. Paulin Gillon, président, donne lecture d'une lettre du Préfet lui annonçant que, pour 1845, le Conseil général a voté le payement de deux demi-bourses à l'Institut agricole de Sainte-Geneviève, près Nancy; ce fonctionnaire demande à la société, conformément au désir du Conseil général, de lui indiquer des jeunes gens ayant des qualités convenables pour suivre l'enseignement de cette école.

P.

A ce propos, M. Gillon fait ressortir le peu d'empressement que mettent les cultivateurs à faire donner à leurs enfants des notions d'agriculture ; il s'exprime ainsi :

« Je souhaite que chacun des membres de la société s'occupe de trouver des jeunes gens qui pourraient être présentés à M. le Préfet pour jouir des deux demi-bourses ; il faut aussi recourir à toute la publicité possible et par conséquent s'adresser aux journaux du département, si on veut avertir les pères de famille du bienfait que le Conseil général ouvre en faveur de l'enseignement de l'agriculture.

« Dans un pays comme la Meuse, qui ne vit que d'agriculture et d'industrie, il y a grandement lieu de s'étonner que l'enseignement de l'agriculture et des diverses branches de l'industrie soit si peu recherché par les pères de famille, pour leurs fils ; que le bienfait des pensions ou des demi-pensions gratuites ne soit mis à profit par personne. A coup sûr, s'il s'agissait de grec ou de latin, cent enfants s'empresseraient au concours.

« L'école de Sainte-Geneviève doit être recherchée, fréquentée, parce que l'instruction qui s'y donne à un degré suffisant, se joint la pratique de la culture sur des terres d'espèces assez variées. »

Lorsque parurent le décret du 3 octobre 1848 relatif à l'organisation professionnelle de l'agriculture (création de fermes-écoles) et la circulaire du 28 octobre, même année, complétant ledit décret, le Préfet de la Meuse consulta les Sous-Préfets, les Sociétés d'agriculture et les maires dans le but de lui faire connaître les exploitations les mieux tenues et les propriétaires qui consentiraient à installer sur leur domaine une ferme-école.

Le dossier, dont les réponses reçues faisaient partie, fut soumis à la session de 1849 aux membres du Conseil général qui après dépouillement conclurent que le choix du Ministre devait porter sur la ferme du Haut-Bois, située à 1 kilomètre de la ville d'Etain et exploitée par M. Brice. Cette ferme, est-il dit, réunit les conditions désirables pour l'établissement d'une ferme-école.

Les prétentions exagérées de M. Brice ne furent pas admises.

Le choix de la commission spéciale, nommée par le Conseil général, se porta alors sur le domaine de Woëcourt, commune de Nouillonpont, exploité par M. Devaux.

Le Ministre de l'agriculture et du commerce, qui reçut, avec le dossier, les propositions répondit au Préfet qu'ayant réduit le nombre des fermes-écoles à 70 il lui était impossible de s'occuper, quant à présent, d'aucune création nouvelle. Mais, assure-t-il, il a fait prendre note du projet de fondation applicable au département de la Meuse afin d'y donner en temps et lieu la suite désirable.

Ce projet examiné de nouveau, en 1873, aboutit à la création de la ferme-école spéciale des Merchines.

En 1849, le Ministre de l'agriculture désirait avoir l'opinion du Conseil général sur l'utilité d'adjoindre des notions pratiques d'agriculture à l'enseignement primaire.

La commission d'agriculture de l'assemblée départementale pensa que cette mesure n'aboutirait à aucun résultat et qu'elle pourrait avoir de graves inconvénients; en fait, elle serait d'une application sinon impossible du moins très difficile à cause de la nécessité où se trouveraient les communes de mettre à la disposition de l'instituteur un terrain communal pour la pratique et les démonstrations.

Dans une des réunions de la Société d'agriculture de Bar-le-Duc, tenues en 1862, il avait été décidé que des primes seraient accordées aux instituteurs qui enseigneraient, avec le plus de succès, l'agriculture dans leurs écoles. Cette distribution eut lieu, le 7 avril 1863, sous la présidence de M. P. Gillon, qui, à cette occasion, prononça une allocution dont nous extrayons les passages qui suivent :

« Les relations entre la Société d'agriculture et les écoles, et l'appui mutuel que peuvent prêter les instituteurs et la Société d'agriculture, ont été parfaitement saisis.

« La mission des instituteurs, comme vous le voyez, s'agrandit merveilleusement ; c'est à nous de les accueillir et de les encourager, comme nos meilleurs coopérateurs. Il en est qui ont exécuté des travaux inouis. Les communes ne leur avaient point donné de terrains d'expériences : ils en ont créé dans des amas de vieux décombres, dans des carrières séculaires. D'autres ont loué, de leurs deniers personnels, des parcelles au milieu du finage pour mettre mieux en vue leurs travaux et leurs succès ; c'est là, en plein champ, qu'ils ont tenu l'école.

« Tout est bien ordonné dans cet enseignement nouveau ; après les leçons orales, viennent les promenades agricoles, pour l'application des principes aux résultats produits ». A ce concours seize instituteurs reçurent des récompenses.

En 1865, la société de Bar continuait à encourager les instituteurs, car dans l'allocution prononcée par M. Roussel, président, lors du concours annuel qui se tint le 10 septembre 1865 il est dit : « Nous avons mis au premier rang les récompenses attribuées aux instituteurs pour la part qu'ils ont prise eux-mêmes, à l'œuvre commune, en donnant à leurs élèves les premières et les plus utiles notions de l'agriculture ».

L'enseignement de ces notions, poursuit M. Roussel, laissera non seulement d'heureuses traces dans leur mémoire ; mais il aura, au moment même où il sera fait, du retentissement, de l'écho dans la famille qui, le soir au foyer d'hiver, en fera l'objet de ses causeries.

La commission du département de la Meuse chargée de l'enquête de 1866, fit à propos de l'instruction primaire les réflexions suivantes :

Si le département de la Meuse est fier à juste titre d'être au premier rang des départements de l'Empire sous le rapport de l'instruction primaire il est un de ceux qui fournit le plus de jeunes aspirants à toutes les petites fonctions publiques. Les jeunes gens des plus distingués des écoles ne songent qu'à devenir fonctionnaires ou employés des grandes compagnies industrielles. Les jeunes filles des cultivateurs qui sortent des pensionnats et des couvents des villes, où elles vont en grand nombre, ne veulent plus épouser des cultivateurs ; elles ont perdu la noble simplicité des champs ; elles ont pris des habitudes de fausse élégance et de toilette de mauvais goût ; elles ne peuvent plus se plier aux exigences ni aux soins du ménage rural.

L'agriculture, conclue-t-elle, n'est pas assez en honneur dans toutes les écoles.

Dans sa session d'août 1872 le Conseil général avait émis le vœu qu'il soit créé une ferme-école sur le domaine des Merchines, appartenant à M. Millon.

Le 7 mars 1873 cette assemblée reprend de nouveau la question ; après une longue et instructive dissertation de M. Tisserand, alors inspecteur général de l'agriculture, le conseil manifeste le désir que le rapport de M. l'inspecteur général soit envoyé le plutôt possible à chacun de ses membres et aux Sociétés d'agriculture du département, afin que le Conseil général puisse se livrer à l'examen de cette question à sa session du 16 avril. A la date du 19 avril 1873, le Conseil général adopte les conclusions de la commission, dont M. Roussel était le rapporteur.

L'exposé si complet, dit M. Roussel, qui vous a été fait dans votre séance du 6 mars dernier par M. Tisserand, inspecteur général de l'agriculture, les délibérations des chambres consultatives d'agriculture et des Sociétés d'agriculture du département dont l'avis sur la question a été demandé ne me laissent que peu de choses à vous dire sur l'opportunité de ce projet.

Par décret du 30 juin 1873, cette école fut instituée sous le titre de Ferme-Ecole spéciale des Merchines, et par celui du 29 janvier 1876 elle prit celui d'Ecole pratique d'agriculture.

Le 22 août 1873, le Conseil général renvoie à la Commission des vœux, l'examen d'une proposition de M. Billy, tendant à la création d'un cours nomade d'agriculture dans les collèges de Verdun, de Commercy et d'Etain et à l'école normale de Commercy.

M. de Klopstein, rapporteur de la Commission, combat le 25 août, même année, la proposition de M. Billy. Il résulte, dit-il, d'une visite récente faite à l'école normale par votre commission que l'enseignement agricole fait partie du programme de l'école et y est donné d'une manière suffisante aux élèves par les professeurs de l'établissement, lequel est, d'ailleurs, placé pour cela dans des conditions favorables.

Quant aux cours à créer dans les collèges d'Etain, Verdun et Commercy, votre commission pense que pour être enseignée d'une manière utile l'agriculture doit l'être, non pas seulement en théorie, mais surtout en pratique.

Après discussion M. Billy répond qu'il n'a jamais eu la prétention, en demandant la création d'un cours nomade d'agriculture, de faire des agriculteurs; ce n'est pas son but. Ce qu'il veut, c'est que l'enseignement de nos collèges ne soit pas seulement industriel et commercial, mais aussi agricole, sans quoi on s'expose à jeter dans le commerce ou l'industrie les fils de nos cultivateurs qui, ne recevant au collège aucune connaissance agricole, abandonnent la carrière de leurs pères et sont perdus pour l'agriculture.

Il a aussi en vue une autre chose, c'est le volontariat d'un an. Tous les jeunes gens de nos collèges ont le désir d'arriver à ne servir qu'un an; or, l'examen roule sur des connaissances théoriques et techniques, et les connaissances agricoles qu'ils auront contribueront beaucoup au succès.

Le Conseil, sur la proposition de son président, renvoie l'affaire à la commission des chemins et de l'agriculture qui maintient les conclusions précédemment présentées, quant à M. Billy, qui espérait davantage de la commission, il insiste et maintient son vœu.

Nous détachons d'un article intitulé « l'enseignement de l'agriculture dans les écoles primaires » dû à la plume de M. Faubert (1875), les passages suivants : anciennement l'agriculture était une science qui se transmettait d'âge en âge : c'était un trésor que le père léguait à son fils ; mais, depuis que les agriculteurs ont demandé un concours précieux aux sciences voisines : à la physique, à la chimie, à la mécanique, à la botanique, à la zoologie, etc., ce trésor d'expérience est devenu ce que l'on appelle aujourd'hui, en terme dédaigneux, la routine.

Malheureusement, dit M. Faubert, cet esprit de routine est la seule science que possèdent la plupart des cultivateurs et ils n'exécutent jamais leurs travaux que d'après ce qu'ils ont vu faire à leur père, sans s'inquiéter s'ils ne pourraient pas mieux faire.

M. Faubert termine en demandant qu'à l'avenir des notions d'agriculture soient données dans les écoles primaires.

En 1875, les sociétés d'agriculture appelées à présenter leurs observations sur un vœu relatif à la création, dans le département, d'un emploi de professeur nomade d'agriculture et leur participation à la dépense que le traitement de ce professeur entrainerait, prirent les délibérations suivantes :

Société d'agriculture de l'arrondissement de Commercy :

Considérant qu'une chaire d'agriculture en vue d'une création de conférences agricoles, par cela seul qu'elle serait constamment déplacée ne pourrait rendre les services que l'on serait en droit d'en attendre ; que, si au contraire, elle est permanente et de longue durée, et surtout localisée dans un milieu qui lui conviendrait le mieux et lui permettrait ensuite de faire rayonner ses bienfaits en dehors, tel, par exemple, que si on l'installait à l'école normale appelée à former nos instituteurs.

Considérant qu'une publication récente « Le cultivateur de la Meuse » organe désormais officiel des quatre sociétés d'agriculture du département, pourra mieux devenir cette chaire nomade dont il s'agit, puisqu'elle aura ses colonnes ouvertes à tous les cultivateurs qui ont à cœur la prospérité de l'agriculture du département de la Meuse et qu'elle pénétrera ainsi facilement, paisiblement et par la modicité de son prix, jusque dans les plus éloignées bourgades, au cœur des foyers de la petite et de la moyenne culture, qui sont l'essence de la région, et sera toujours là, par sa collection, un enseignement utile et permanent de chaque mois ;

Décide, à l'unanimité, qu'elle ne se sent pas disposée à prendre à sa charge le quart des dépenses de déplacement que nécessiteraient les cours nomades d'agriculture sur lesquels elle est consultée ;

Enfin demande au Conseil général de lui laisser réserver l'emploi des fonds, dont il lui est donné de disposer, à des fins et pour des besoins plus instants et plus appréciables.

Société d'agriculture de l'arrondissement de Bar-le-Duc.

La Société rejette la proposition de voter une somme de 300 fr. par an, pour indemnité de voyage à un professeur d'agriculture.

Société d'agriculture de l'arrondissement de Verdun.

La Société de Verdun après avoir pris connaissance de la délibération du Conseil général déclare, à l'unanimité, qu'elle n'est pas d'avis d'approuver le projet parce qu'elle ne peut prélever sur son budget la somme qui lui est demandée.

Elle prend cette résolution attendu que, dans son opinion, aucun enseignement agricole n'est utile qu'avec le concours d'une pratique suivie et journalière.....

Société d'agriculture de l'arrondissement de Montmédy.

La Société de Montmédy reconnaît, par un vote de 23 voix contre 13, l'utilité d'un professeur d'agriculture nomade, et d'après la demande du Conseil général consent à allouer une somme de 300 fr. devant servir d'indemnité de déplacement à ce professeur d'agriculture.

Dans une réunion générale, tenue le 21 avril 1875, la Société d'agriculture de Verdun vote l'établissement d'un laboratoire agricole; M. Neucourt, pharmacien, est nommé directeur.

En 1877, la Société d'agriculture de Commercy décide la création, à Commercy, d'un laboratoire agricole sous la direction de M. Devouges, professeur de chimie, au collège de ladite ville.

M. Raulx propose à la Société d'agriculture de Commercy, le 20 mars 1879, de vouloir bien décerner des récompenses aux instituteurs qui auront développé l'enseignement agricole dans leur école.

Pour faire de bons cultivateurs, dit-il, c'est sur l'enfant qu'il faut agir, c'est dans les écoles primaires qu'il faut organiser cet enseignement.

Pour arriver à ce but, il suffit de mettre à la disposition de l'instituteur un champ d'essais qui deviendra l'annexe obligée de l'école.

La commission permanente après étude préalable de ce vœu demande l'autorisation d'allouer des médailles aux instituteurs s'occupant avec le plus de succès de l'enseignement agricole. Mais à la condition expresse que toute médaille décernée pourra être écartée purement et simplement par M. l'Inspecteur primaire toutes les fois que ce dernier déclarera que l'école a été sacrifiée au champ d'essais; ce champ ne devant jamais être que l'accessoire et non le principal de l'école; accessoire qui rentre seul dans le but que le membre proposant et la société désirent atteindre.

Le 2 mars 1879, la Société d'agriculture de Commercy annexe à son laboratoire agricole un champ d'expériences.

Ce terrain situé en face du collège de Commercy, lieu dit à côté d'Heurtebise, d'une contenance de 20 ares, était divisé longitudinalement, en trois, par deux sentiers et transversalement, en huit, par 7 allées. Chaque parcelle avait 50 centiares de surface.

Lorsque le Conseil général prit la résolution de créer un champ d'expériences départemental la Société de Commercy décida la suppression de celui qu'elle avait organisé.

Bien que la loi relative à l'enseignement départemental et communal fut votée à la date du 16 juin 1879, le Conseil général de la Meuse ne s'occupa de son application qu'en 1882.

M. Raulx, rapporteur de la 3e commission (délibération du 26 octobre 1882), après avoir indiqué les formalités à remplir propose au Conseil général de vouloir bien :

1° Désigner un de ses membres pour faire partie du jury du concours. M. Brion est élu par 26 voix.

2° Décider que le programme de ce concours comprendra une épreuve écrite, des épreuves orales et des épreuves pratiques, comme il est dit à l'article 4 de la loi du 16 juin 1879.

3° Dire que la résidence du professeur, à l'exemple des départements limitrophes, sera fixée à Commercy, près de l'école normale et à proximité de l'école primaire agricole Descomtes.

4° Fixer le chiffre des frais de tournées à mille francs, par année, ces tournées devant avoir lieu au moins une fois chaque année dans chaque canton.

A la suite de l'examen qui eut lieu à Bar-le-Duc, le 10 septembre 1883, M. Prudhomme fut nommé professeur départemental et attaché, en cette qualité, à la chaire d'agriculture de la Meuse.

Par testament olographe, du 23 août 1879, M. Antoine-Jean-Georges Descomtes, maire de Ménil-la-Horgne, institue le département de la Meuse son légataire universel à la charge de fonder, sur les immeubles dépendant de sa succession, une école théorique et pratique d'agriculture, d'horticulture, d'arboriculture et de viticulture, spécialement affectée à l'instruction gratuite de jeunes gens, de 12 à 14 ans, admis après concours et domiciliés dans le département.

Cette proposition, soumise au Conseil général, est, sur le rapport de la 4e commission, adoptée.

Par décret, du 16 avril 1880, le département de la Meuse est autorisé à accepter le legs universel qui lui est fait par M. Descomtes.

Le 16 octobre 1882, le Conseil général, après s'être constitué en comité secret, sur la proposition de M. Vivenot, président, nomme en qualité de directeur de cette école M. Doyen, professeur et surveillant général à l'école pratique d'agriculture, Mathieu de Dombasle, à Tomblaine près Nancy.

L'art. 1er de la loi du 28 mars 1882 porte : L'enseignement primaire comprend.....

Les éléments des sciences naturelles, physiques et mathématiques; leurs applications à l'agriculture, à l'hygiène, aux arts industriels, etc.....

Dans un opuscule intitulé « Causeries agricoles » portant la date de 1885, M. Lapôtre, auteur de ce travail, dit à propos de l'instruction agricole : La première condition indispensable pour exercer avantageusement une profession, voire même celle de cultivateur, il faut l'avoir apprise quelque part. Or nos cultivateurs, la grande majorité du moins, ne l'ont pas apprise ailleurs que dans l'imitation, la routine. Donc ils ne sauraient être, quoi qu'ils en disent, à la hauteur de leur tâche. Mais pour apprendre, il faut une école qui enseigne. Les quelques fermes-écoles et écoles professionnelles d'agriculture sont trop rares, elles ne peuvent suffire pour atteindre le but que nous désirons.

M. Lapôtre termine cet article par cette considération : La création d'écoles ménagères pour les jeunes filles est vivement désirée. On espère qu'elles en sortiront avec des sentiments de sympathie pour l'agriculture et avec des connaissances qui leur sont nécessaires pour devenir de bonnes ménagères, capables, le cas échéant, de s'occuper de la direction de la ferme et de prendre une large part à la réussite de l'entreprise.

Au lieu de dédaigner l'agriculture et les agriculteurs, comme elles le font aujourd'hui, de chercher à s'éloigner de cette noble profession, elles apprendraient à l'aimer et plus tard, comme mères, elles la feraient aimer à leurs enfants.

Par sa circulaire du 24 décembre 1885, M. le Ministre de l'agriculture recommande la création, en différents points du département, de champs d'expériences et de démonstration et en démontre les avantages pour les cultivateurs.

Sur le rapport du professeur départemental d'agriculture, faisant connaître à M. le Préfet les champs de démonstration créés et la nature des essais entrepris, M. Raulx, rapporteur de la commission spéciale, nommée par le Conseil général, à cet effet, constate avec satisfaction que la circulaire de M. le Ministre a été favorablement accueillie dans le département de la Meuse, et que les Sociétés d'agriculture se sont empressées de la mettre à exécution, en créant 22 champs de démonstration.

Il pense que l'intervention des associations agricoles suffira pour propager l'établissement des champs de démonstration :

La commission exprime le vœu que l'administration prescrive l'étude de l'établissement de champs d'expériences avec laboratoire agricole (délibération du 4 mai 1886).

Le 30 avril 1889 la Société d'agriculture de l'arrondissement de Commercy : Considérant que la création d'un laboratoire départemental à Commercy répond au but que la société s'est proposée en créant le sien ;

Que cette création pourra être hâtée et facilitée au moyen d'un vrai dégrèvement du prix total de la dépense nécessaire ;

Qu'ainsi la dépense totale se trouvera diminuée de la valeur du matériel cédé et par suite sera moins élevée, permettant sans doute dès lors l'acquisition du surplus indispensable ;

Donne à son président le mandat le plus large possible à l'effet de s'entendre avec l'administration et le Conseil général pour la cession, au département, du matériel de son laboratoire ; il signera tout traité.

Sur le rapport de M. Poincarré, M. le préfet considère la proposition faite par M. Colson, président de la Société d'agriculture, comme acceptable, en tenant compte toutefois des réserves suivantes :

1° Les analyses de sols devraient être terminées dans un délai maximum de 25 ans (soit en totalité 150 analyses) avec faculté, pour le département, de demander à la commission permanente de la Société, 12 analyses par an, au lieu de 6, de manière à hâter l'époque de la libération ;

2° Au cas où le laboratoire cesserait de fonctionner, pour une cause quelconque, avant l'achèvement de la carte agronomique de l'arrondissement, le département garderait le matériel et les réactifs, en versant à la Société une somme de 10 à 12 francs par chaque analyse restant à effectuer ;

La troisième commission donne sa pleine adhésion à ces justes réserves, et le Conseil général adopte les conclusions du rapport (août 1889).

Le 15 avril 1890 le conseil approuve la création de champs d'expériences départementaux établis, sur le domaine de l'Ecole d'agriculture, à Ménil-la-Horgne.

Ecole pratique d'agriculture des Merchines. — L'école d'agriculture des Merchines, la plus ancienne des écoles pratiques d'agriculture, est située sur le territoire de la commune de Lisle-en-Barrois, arrondissement de Bar-le-Duc.

Ancienne ferme-école spéciale, créée le 30 juin 1873, elle avait à sa tête un agronome distingué, à l'esprit ouvert à toutes les manifestations du progrès agricole, M. Millon, ancien député de la Meuse. Le 29 janvier 1876, un arrêté ministériel remplaçait la ferme-école par une institution nouvelle qui prenait le nom d'école pratique.

Pendant onze ans M. Millon dirigea avec dévouement et aussi avec succès, l'école pratique de la Meuse. Il mourut en 1887, laissant le soin de continuer son œuvre à son fils, M. Joseph Millon, qui ne lui survécut que deux ans. Son gendre, M. Krantz, est depuis 1889 à la tête de l'école.

La ferme des Merchines, dont l'étendue est de 297 hectares 83, était ainsi partagée, en 1892.

Terres arables...................	206h 98 a
Prairies et pâturages...........	24 »
Jardins.......................	3 25
Bois..........................	60 »
Bâtiments, cours, etc...........	2 05
Etangs.......................	1 55
Total.............	297h 83a

Cet établissement est destiné à former d'habiles cultivateurs, possédant les connaissances nécessaires pour exploiter, avec intelligence et profit, leurs propriétés ou celles d'autrui, en qualités de propriétaires, de régisseurs ou de fermiers.

L'enseignement donné aux Merchines est bon; il a une durée de deux ans. Depuis l'origine 226 élèves, parmi lesquels il faut comprendre les 45 élèves qui se trouvaient dans cet établissement en 1893, y ont été admis, et 147 en sont sortis diplômés. Presque tous ces jeunes gens sont rentrés immédiatement dans la culture, ce qui est le vrai but à atteindre et l'on peut dire que soit, par l'exemple direct, soit par les élèves qu'elle a formés, l'influence de l'école a été considérable sur la culture du pays. C'est le plus bel éloge qu'on puisse en faire et qui justifie bien l'attribution faite à M. Krantz en 1891, du Prix d'honneur spécial des écoles pratiques au concours régional de Bar-le-Duc (rapport de M. Grosjean).

Les recherches culturales de longue haleine, les nombreux essais entrepris, les introductions d'engrais, de semences, d'animaux, ont permis aux cultivateurs voisins de la ferme comme à ceux habitant le département de s'instruire et de tirer profit des intéressants résultats obtenus.

Le programme des études comprend : l'agriculture et l'économie rurale, l'élevage, l'hygiène et l'engraissement du bétail, le cubage, le lever de plans et le nivellement, la description et l'usage des machines agricoles, la comptabilité agricole, les éléments de botanique, de géologie, de physique, de chimie et de droit rural.

Ecole primaire agricole Descomtes. — L'école Descomtes est située à Ménil-la-Horgne, canton de Void, arrondissement de Commercy.

Cet établissement n'est pas comparable à une école pratique ; c'est une école primaire, où l'enseignement, comme son nom l'indique, est orienté d'une manière toute spéciale vers les choses de l'agriculture.

Créée par arrêté du 26 août 1882, l'école a ouvert ses portes à la rentrée suivante. Le directeur actuel, M. Doyen, en a été le fondateur ; après quelques années passées en Meurthe-et-Moselle, comme professeur départemental d'agriculture, pendant lesquelles la direction fut confiée à M. Guédon, ancien élève de Grignon, il est revenu à l'œuvre de son choix qu'il continue à diriger avec autant de zèle que de succès. Au point de vue du faire valoir, M. Doyen est régisseur du département.

L'étendue du domaine de l'école est de 133 hectares 37 ares qui se répartissaient en 1893 de la manière suivante :

Terres arables...	107h 53a
Prairies et pâturages...	17 42
Vignes...	0 95
Jardins...	1 11
Vergers...	1 35
Bois...	4 56
Bâtiments, cours, etc...	0 45
TOTAL...	133h 37a

Le but de cette école est de compléter les études primaires des jeunes gens et de leur donner en même temps les notions scientifiques indispensables pour faire de la culture intelligente et bien entendue.

L'enseignement donné tend : 1° à attacher les élèves à la vie des champs, au métier de cultivateur; 2° à rendre ceux qui s'en contenteraient, capables de rompre avec une routine ruineuse et de tirer le meilleur parti possible d'une situation donnée ; 3° à les préparer à recevoir avec fruit un enseignement plus élevé dans le cas où ils voudraient continuer leurs études agricoles.

Depuis sa création, jusqu'en 1893, cet établissement a reçu 77 élèves; 18 seulement ont pu être diplômés parce que la durée des études, qui est de quatre ans, est trop longue et que peu de parents consentent à éloigner d'eux leurs enfants pendant un aussi long espace de temps; dès la deuxième et la troisième année des défections se produisent.

Somme toute, l'école primaire agricole Descomtes est un établissement qui, par son enseignement et l'exemple qu'il donne, a déjà rendu de sérieux services à la culture locale, et est appelé à en rendre de plus importants encore (rapport de M. Grosjean).

Depuis leur création, ces deux institutions ont largement contribué à l'amélioration de l'agriculture meusienne, car presque tous les jeunes gens qui les ont quittées se sont adonnés à la culture ; rentrés chez leurs parents, ils ont cherché à appliquer les excellents principes qui leur ont été inculqués ; de plus, par les bons résultats qu'ils ont obtenus sur leur propriété, ils ont excité l'amour-propre de leurs concitoyens et les ont forcés, malgré eux, à entrer dans la voie du progrès.

Chaire départementale d'agriculture. — La loi du 16 juin 1879 organise l'enseignement départemental et communal de l'agriculture et stipule les conditions d'après lesquelles sont choisis les titulaires des chaires. Elle est complétée par le décret du 9 juin 1880 qui définit, à son article 12, les attributions du professeur départemental d'agriculture, comprenant :

1° L'enseignement agricole à l'école normale primaire, et, s'il y a lieu, dans les autres établissements d'instruction publique ;

2° Les conférences agricoles dans les campagnes ;

3° Les travaux ou missions dont il peut être chargé, par le préfet du département ou par le ministre de l'Agriculture et du Commerce.

D'après l'article 16 du même décret : indépendamment des fonctions ci-dessus spécifiées, le professeur départemental d'agriculture doit fournir au préfet tous les renseignements intéressant l'agriculture du département.

Les instructions ministérielles du 15 janvier 1881 développent les attributions qui rentrent dans le service des chaires d'agriculture et engagent le professeur à entretenir des rapports suivis avec les associations du département. Sans aucunement entraver leur action propre, disent-elles, le titulaire doit fournir une collaboration active et dévouée pour l'organisation de leurs concours, l'impulsion à donner à leurs travaux et la direction à imprimer à leurs encouragements.

Enfin, par différentes circulaires, le ministre de l'Agriculture invite les professeurs à aider les cultivateurs dans l'organisation des syndicats agricoles, à créer des champs d'expériences ou de démonstration, enfin à se rendre utiles chaque fois qu'ils en trouveront l'occasion ou que l'on fera appel à leurs connaissances.

Enseignement nomade. — L'enseignement nomade, celui qui s'adresse aux hommes faits, aux cultivateurs de profession et aux instituteurs, est donné à l'aide de plusieurs facteurs dont les principaux sont les conférences proprement dites, les champs d'expériences et les champs de démonstration. Les conférences sont destinées à mettre le cultivateur, qui naturellement est isolé, au courant des bonnes pratiques agricoles, des applications de la science à la culture, de toutes les données, en un mot, qui peuvent être profitables à une meilleure exploitation de son fonds. Ces conférences sont toutes de vulgarisation, et le conférencier a soin d'éviter autant que possible les expressions trop techniques qui ne laisseraient dans l'esprit de l'auditoire que des mots vides et qui, d'ailleurs, fatigueraient promptement son attention.

Elles ont lieu dans les centres agricoles, sans considération aucune des chefs-lieux de divisions administratives et sont faites principalement le dimanche et en hiver, de manière que les agriculteurs ne soient pas empêchés de s'y rendre par les travaux pressants de la culture (*Rapport de M. Grosjean*).

Nous donnons dans le tableau ci-contre le relevé :

1º Du nombre de conférences tenues annuellement depuis le 20 janvier 1884, date de la première conférence agricole, par le titulaire de la chaire d'agriculture, jusqu'au 31 juillet 1896;

2º Du nombre total des auditeurs qui ont fréquenté les réunions de chaque exercice;

3º La moyenne annuelle des auditeurs par conférence.

Récapitulation de 1884 à 1895-1896

EXERCICES	NOMBRE		MOYENNE DES AUDITEURS par conférence
	DE CONFÉRENCES	D'AUDITEURS	
1884....	28	3.385	120
1885.....	27	2.860	107
1886....	28	3.070	110
1er semestre, 1887....	14	1.835	130
1887-1888....	26	3.125	120
1888-1889 ...	28	3.560	127
1889-1890....	28	3.400	122
1890-1891....	26	3.070	117
1891-1892....	26	2.860	110
1892-1893....	26	2.340	90
1893-1894....	27	2.595	96
1894-1895 ...	30	2.815	94
1895-1896....	26	2.450	94
Totaux........	340	37.365	

La moyenne générale des auditeurs, par conférence, pendant cette période, est de 109,90.

Voici comment se répartissent, au point de vue du nombre par commune, ces 340 conférences :

```
Il a été fait 1 conférence dans 134 communes, soit au total 134 conférences.
     —      2      —          71      —         —     142      —
     —      3      —          18      —         —      54      —
     —      4      —           1      —         —       4      —
     —      6      —           1      —         —       6      —
          Totaux......  225 communes .......  340 conférences.
```

Sur les 586 communes qui composent le département de la Meuse, 225 ont donc été choisies comme centre de réunion.

Les sujets traités varient nécessairement suivant les besoins des localités, mais ils comportent toujours un certain nombre de points fondamentaux qui reviennent fréquemment au cours des conférences.

L'aide que le professeur départemental peut ainsi donner est considérable ; il est en quelque sorte un médecin cultural dont les consultations, toujours gratuites, sont très recherchées.

Enseignement dans les établissements d'instruction. — Le professeur départemental, conférencier chez les cultivateurs est professeur à l'école normale d'instituteurs. A ce titre, il fait un cours aux élèves de deuxième et de troisième année réunis à raison de deux leçons par semaine, pendant le semestre d'hiver. Chaque deux ans, le professeur traite ainsi alternativement de l'agriculture, puis de la zootechnie et de l'horticulture, de sorte qu'à la fin de leurs études les élèves-maîtres ont suivi le cours dans sa totalité.

Si depuis le 1er janvier 1884, jusqu'à ce jour, il est sorti de l'école normale 13 promotions à raison de 13 élèves en moyenne, c'est donc 169 jeunes gens aujourd'hui instituteurs ou sous-maîtres qui ont profité de l'enseignement agricole.

Indépendamment des leçons professées à l'école normale, le titulaire de la chaire départementale fait, depuis 1891, des cours aux élèves de 3e, 4e, 5e et 6e moderne des collèges de Commercy et de Verdun. La moyenne des élèves qui ont suivi ce cours étant pour ces deux établissements de 30 par an, il en résulte que 150 jeunes gens ont reçu des notions d'agriculture depuis 5 ans.

Travaux divers. — Le peu de temps disponible qui reste au professeur d'agriculture de la Meuse après son service régulier effectué est consacré, suivant les années, à différents travaux.

La correspondance avec les cultivateurs, les rapports qui lui sont demandés par son administration et la préfecture lui absorbent chaque année de nombreuses journées.

Depuis 1886, il est secrétaire du Syndicat agricole de

Commercy qui comprend 650 membres. Après avoir été directeur du laboratoire organisé par les soins de la Société d'agriculture de l'arrondissement de Commercy il a repris la direction du laboratoire agricole départemental dès sa fondation.

Il a livré à l'impression les ouvrages suivants :

1° Agriculture du département de la Meuse ; 2° Cours élémentaire d'agriculture, en collaboration avec M. Devôge, instituteur à Vignot ; 3° Almanach agricole de la Meuse, pour 1896 ; 4° Monographie de la commune de Contrisson ; 5° Historique de l'enseignement agricole dans la Meuse.

Depuis 1893 il est alternativement président et vice-président de la Société d'agriculture de l'arrondissement de Commercy.

Enfin il fait partie de nombreuses commissions, dont il est, pour la plupart, secrétaire et a publié à plusieurs reprises, dans les journaux du département, quantité d'articles agricoles.

Enseignement dans les écoles primaires. — La science agricole tend à se répandre dans le département de la Meuse. Il y a 50 ans l'agriculture était pour ainsi dire inconnue ; les jeunes gens tout comme les hommes mûrs ne connaissaient que la routine, ne possédaient que les errements, les préjugés, qui prévalaient à l'époque et n'avaient aucune idée de l'utilité que pourraient leur rendre l'étude et la connaissance des éléments qui composent leur sol, de ceux renfermés dans leurs engrais, des méthodes de culture en usage, des avantages que procurent les semences, les animaux et les instruments perfectionnés. Depuis quelques années et surtout depuis la promulgation de la loi du 28 mars 1882 les instituteurs cherchent à inculquer à leurs élèves des notions d'agriculture et des sciences s'y rattachant directement, soit par des lectures, des dictées, des problèmes, des rédactions et parfois des promenades à travers champs. Les jeunes gens, comme les cultivateurs, qui ont suivi un cours d'agriculture comprennent et raisonnent les différents travaux qu'ils exécutent, ils savent où rechercher les causes de leur succès ou de leurs revers; en un mot ils sont plus aptes à exercer leur profession d'une manière intelligente; enfin comme ils marchent à l'envi à qui mieux mieux, ils ne reculent devant aucun sacrifice lorsqu'ils se sont assurés, par une étude préalable, que ce qu'ils vont entreprendre leur permettra de rentrer largement dans les avances qu'ils se proposent de faire.

A notre humble avis l'instruction agricole a puissamment contribué à franchir le grand obstacle, la routine, jadis regardé par nos ancêtres comme un château-fort imprenable.

En plus de l'enseignement agricole théorique, donné par les instituteurs, il existe dans bon nombre de communes : un musée scolaire, des tableaux muraux d'histoire naturelle, une bibliothèque scolaire et quelquefois un jardin d'essais, destinés à compléter cet enseignement et cela au point de vue pratique.

D'après les lois du 19 juillet 1887 et du 25 juillet 1893 et le décret du 21 janvier 1893 l'enseignement de l'agriculture est aussi donné dans les écoles primaires supérieures et professionnelles par des titulaires munis à la fois du certificat d'aptitude au professorat et du diplôme spécial de l'enseignement agricole.

Les prescriptions de ces lois sont donc appliquées dans les deux écoles primaires supérieures du département de : Vaucouleurs (garçons) Commercy (filles) et depuis 1894 aux cours complémentaires des écoles primaires de : Bar-le-Duc, Ligny, Verdun, Clermont, Varennes.

Auxiliaires de l'enseignement agricole. — Parmi les auxiliaires de l'enseignement agricole nous citerons : les publications, les brochures et les ouvrages d'agriculture publiés dans le département; les syndicats agricoles, le laboratoire agricole et les champs d'expériences.

Les publications agricoles ont aussi aidé à répandre

dans les campagnes les notions d'agriculture, comme publications anciennes, nous mentionnerons : le Bulletin de la société d'agriculture des arrondissements de Bar et de Commercy (1834-1839), le Journal agricole de la Meuse (1840-1847). Le Bulletin de la société d'agriculture de Verdun ; les nouvelles sont : le Cultivateur de la Meuse fondé en 1874 et l'Union des campagnes qui est dans sa huitième année d'existence.

Les ouvrages spéciaux d'agriculture sont fort rares indiquons cependant : l'Annuaire du département de la Meuse, pour l'an XII, le Recueil de dictées, leçons et problèmes sur l'agriculture à l'usage des écoles primaires du Frère Astier ; l'Agriculture du département de la Meuse, le Cours élémentaire d'agriculture à l'usage des élèves des écoles primaires de la région du nord-est de la France ; enfin diverses brochures émanant d'agriculteurs habiles et très compétents.

Les syndicats agricoles permettent de renseigner les cultivateurs sur les engrais les mieux appropriés à leur sol, les semences les plus avantageuses à cultiver, les instruments et machines agricoles les plus économiques et les plus perfectionnés.

Le but du laboratoire agricole départemental est :

1º de renseigner les cultivateurs sur la composition chimique des terres qu'ils cultivent, de leur indiquer les éléments nécessaires au développement des végétaux et de leur faire connaître les éléments manquant à leurs sols ou qui ne s'y trouvent pas en quantité suffisante ;

2º de contrôler les engrais qu'ils achètent dans le commerce et dont le rôle est d'augmenter la fertilité de leurs terres ;

3º de déterminer la richesse de ces engrais et leur valeur commerciale ;

4º de leur faciliter les moyens d'arriver plus sûrement à la production intensive des plantes qu'ils cultivent, par l'analyse des matières fertilisantes organiques ou minérales dont ils font usage ;

5° de leur faire connaître la richesse et la valeur des aliments consommés par leurs bestiaux ;

6° de rechercher la qualité des eaux qu'ils emploient à l'irrigation de leurs propriétés ;

7° de déterminer la composition de quelques matières commerciales, telles que : richesse du vin en alcool, et des betteraves, en sucre, qualité du sucre, du sulfate de cuivre, du plâtre, de la chaux, du sulfate de fer, des raisins secs, etc., etc.

8° enfin d'arriver dans la suite à dresser la carte agronomique du département de la Meuse.

L'établissement des champs d'expériences et de démonstration, par le département et les sociétés d'agriculture, permet aux habitants des campagnes de se rendre compte de visu, ou en lisant les rapports sur les essais entrepris, de la valeur et de l'efficacité des différentes matières fertilisantes appliquées à des sols de nature variable, et aussi des semences d'élite réussissant le mieux sous notre climat tout en produisant des récoltes plus abondantes et plus rémunératrices que les graines de notre région.

Sanction donnée à l'enseignement agricole. — L'arrêté organique du 18 janvier 1887 modifié par l'arrêté du 29 décembre 1894 porte : les épreuves du certificat d'études primaires élémentaires comprennent :

..... 3° des notions élémentaires de sciences avec leurs applications à l'agriculture et à l'hygiène.

..... l'examen peut comprendre, sur la demande du candidat.... des interrogations sur l'agriculture. Il sera fait mention sur le certificat des matières complémentaires pour lesquelles le candidat aura au moins obtenu la note 5.

Pour le certificat d'études primaires supérieures quatre sections existent, dont une section agricole.

Les épreuves orales, pour l'obtention du brevet élémentaire, portent..... sur les notions les plus élémentaires des sciences physiques et naturelles et sur les matières de l'enseignement agricole (les épreuves d'agriculture ont été introduites dans l'examen par arrêté du 29 décembre 1883).

Enfin, pour le brevet supérieur, les épreuves de la première série sont au nombre de quatre, savoir : 1° une composition comprenant deux questions : l'une....., l'autre, sur les sciences physiques et naturelles avec leurs applications les plus usuelles à l'hygiène....., à l'agriculture et à l'horticulture.

Les épreuves de la deuxième série sont réparties en sept groupes dont 1°, 2°, 3°, 4°, 5°, 6° : notions de physique, de chimie et d'histoire naturelle et pour les aspirants seulement, notions d'agriculture et d'horticulture.

Par arrêté du 5 décembre 1887 des prix spéciaux sont accordés par l'Etat aux membres de l'enseignement primaire. Depuis 1891 les départements sont répartis en quatre régions ; chacune est donc admise à concourir tous les quatre ans.

Les récompenses accordées par le ministre de l'Instruction publique consistent en : 1er prix, médaille avec prime de 300 francs ; autres prix, médaille avec prime variant de 100 à 200 francs.

En outre, M. le ministre de l'Agriculture décerne, à titre d'encouragement, sur la proposition du ministre de l'Instruction publique et à la demande de la commission de classement, des médailles de vermeil, d'argent et de bronze.

En 1891, 8 instituteurs de la Meuse ont reçu des récompenses ; en 1895, 20 prix ont été attribués.

L'arrêté du 14 janvier 1891 institue un certificat d'aptitude à l'enseignement agricole qui peut être délivré après un concours aux instituteurs, pourvus du brevet supérieur, du certificat d'aptitude pédagogique, justifiant qu'ils ont fait un stage d'un an dans un établissement d'enseignement agricole placé sous le contrôle de l'Etat.

Enfin la circulaire du ministre de l'Instruction publique datée du 24 octobre 1895 et relative à l'enseignement de l'agriculture énonce que des questions sur l'agriculture soient posées à l'examen oral des brevets de capacité, du certificat d'aptitude pédagogique et aux épreuves pratiques de ce dernier.

Il est nécessaire désormais, ajoute la circulaire, que le professeur départemental d'agriculture fasse obligatoirement partie des commissions d'examen des brevets de capacité et du certificat d'aptitude pédagogique.

TABLE DES MATIÈRES

CHAPITRE I

	Pages.
Enseignement par les yeux	7
Expositions et concours	8
Concours de la prime d'honneur et expositions régionales	17

CHAPITRE II

Enseignement en commun	29
Sociétés et comices agricoles	30
Sociétés d'horticulture	41
Sociétés d'apiculture	41

CHAPITRE III

Enseignement spécial ou technique	43
Ecole pratique d'agriculture des Merchines	61
Ecole primaire agricole Descomtes	63

	Pages.
Chaire départementale d'agriculture	65
Enseignement nomade	66
Enseignement dans les établissements d'instruction	68
Travaux divers	68
Enseignement dans les écoles primaires	69
Auxiliaires de l'enseignement agricole	70
Sanction donnée à l'enseignement agricole	72

BAR-LE-DUC. — IMPRIMERIE CONTANT-LAGUERRE.

www.ingramcontent.com/pod-product-compliance
Lightning Source LLC
LaVergne TN
LVHW021004090426
835512LV00009B/2062